全国技工院校计算机类专业（中／高级技能层级）

计算机理论习题及答案解析

主　编　柳　青
副主编　赵一箦
主　审　张天贺

中国劳动社会保障出版社

简介

本书为全国技工院校计算机类专业教材《计算机操作指导》的配套用书。本书根据技能认证的要求，针对全国计算机一级考试理论知识点部分，将需要掌握的知识点梳理并整理成比较完整的七个部分。本书所有习题均为单项选择题，并配有答案解析，供读者对照学习。本书有助于读者巩固理论基础，提高理论知识水平，顺利通过考试。

本书由柳青任主编，赵一篑任副主编，曹婷婷、刘颖、李梅、司马小芳、邓芳媛、吴安佳、尤骏、陆丽君、王成志参与编写，张天贺任主审。

图书在版编目（CIP）数据

计算机理论习题及答案解析 / 柳青主编. -- 北京：中国劳动社会保障出版社，2023
全国技工院校计算机类专业. 中 / 高级技能层级
ISBN 978-7-5167-5965-3

Ⅰ. ①计… Ⅱ. ①柳… Ⅲ. ①电子计算机－技工学校－题解 Ⅳ. ①TP3-44

中国国家版本馆 CIP 数据核字（2023）第 134293 号

中国劳动社会保障出版社出版发行

（北京市惠新东街 1 号 邮政编码：100029）

*

北京宏伟双华印刷有限公司印刷装订 新华书店经销

787 毫米 ×1092 毫米 16 开本 6.25 印张 121 千字

2023 年 8 月第 1 版 2023 年 8 月第 1 次印刷

定价：16.00 元

营销中心电话：400-606-6496

出版社网址：http://www.class.com.cn

http://jg.class.com.cn

目　录

CONTENTS

计算机理论习题

课题一　计算机常用数制与编码

1. 在计算机内部一般是采用（　　）码的形式来传送、存储、加工处理数据或指令的。

A. 十进制　　B. 二进制　　C. 八进制　　D. 十六进制

2. 在计算机的硬件设备中，有一种设备在程序设计中既可以当作输出设备，又可以当作输入设备，这种设备是（　　）。

A. 绘图仪　　B. 网络摄像头　　C. 手写笔　　D. 磁盘驱动器

3. 在计算机中，组成一个字节的二进制位数是（　　）位。

A. 1　　B. 2　　C. 4　　D. 8

4. 下列关于 ASCII 编码的叙述中，正确的是（　　）。

A. 一个字符的标准 ASCII 码占一个字节，其最高二进制位总为 1

B. 所有大写英文字母的 ASCII 码值都小于小写英文字母 a 的 ASCII 码值

C. 所有大写英文字母的 ASCII 码值都大于小写英文字母 a 的 ASCII 码值

D. 标准 ASCII 码表有 256 个不同的字符编码

5. 下列叙述中正确的是（　　）。

A. 一个字符的标准 ASCII 码占一个字节的存储量，其最高二进制位总为 0

B. 大写英文字母的 ASCII 码值大于小写英文字母的 ASCII 码值

C. 同一个英文字母（如 A）的 ASCII 码与它在汉字系统下的全角内码是相同的

D. 标准 ASCII 码表的每一个 ASCII 码都能在屏幕上显示成一个相应的字符

6. 在标准 ASCII 码表中，英文字母 a 和 A 的码值之差的十进制值是（　　）。

A. 20　　B. 32　　C. –20　　D. –32

7. 在标准 ASCII 码表中，已知英文字母 A 的十进制码值是 65，那么英文字母 a 的十进制码值是（　　）。

A. 95　　B. 96　　C. 97　　D. 91

8. 设任意一个十进制整数为 D，转换成二进制数为 B。根据数制的概念，下列叙述中正确的是（　　）。

A. 数字 B 的位数＜数字 D 的位数　　B. 数字 B 的位数≤数字 D 的位数

C. 数字 B 的位数≥数字 D 的位数　　D. 数字 B 的位数＞数字 D 的位数

9. 在下列字符中，其 ASCII 码值最小的是（　　）。

A. 空格　　B. 0　　C. A　　D. a

10. 在计算机中，对汉字进行传输、处理和存储时使用汉字的（　　）码。

A. 字形　　B. 国标　　C. 输入　　D. 机内

11. 下列四个 4 位十进制数中，属于正确的汉字区位码的是（　　）。

A. 5601　　B. 9596　　C. 9678　　D. 8799

12. 已知三个字符：a、Z 和 8，按它们的 ASCII 码值升序排序，结果是（　　）。

A. 8、a、Z　　B. a、8、Z　　C. a、Z、8　　D. 8、Z、a

13. 按照数的进位制概念，下列各数中正确的八进制数是（　　）。

A. 1101　　B. 7081　　C. 1109　　D. B03A

14. 区位码输入法的最大优点是（　　）。

A. 只用数码输入，方法简单、容易记忆

B. 易记易用

C. 一字一码，无重码

D. 编码有规律，不易忘记

15. 在 ASCII 码表中，下列字符的码值由小到大的排列顺序是（　　）。

A. 空格、数字、大写英文字母、小写英文字母

B. 数字、空格、大写英文字母、小写英文字母

C. 空格、数字、小写英文字母、大写英文字母

D. 数字、大写英文字母、小写英文字母、空格

16. 若删除一个非零无符号二进制整数尾部的两个 0，则此数的值为原数的（　　）。

A. 4 倍　　B. 2 倍　　C. 1/2　　D. 1/4

17. 字长为 7 位的无符号二进制整数能表示的十进制整数的数值范围是（　　）。

A. 0 ~ 128　　B. 0 ~ 255　　C. 0 ~ 127　　D. 1 ~ 127

18. 根据国家标准《信息交换用汉字编码字符集　基本集》（GB/T 2312—1980）的规定，一个汉字的内码码长为（　　）。

A. 8 bits　　B. 12 bits　　C. 16 bits　　D. 24 bits

19. 1 KB 的准确数值是（　　）。

A. 1 024 Bytes　　B. 1 000 Bytes　　C. 1 024 bits　　D. 1 000 bits

20. 在标准 ASCII 码表中，已知英文字母 K 的十六进制码值是 4B，则二进制 ASCII 码 1001000 对应的字符是（　　）。

A. G　　B. H　　C. I　　D. J

21. 20 GB 的硬盘表示容量约为（　　）。

A. 20 亿个字节　　B. 20 亿个二进制位

C. 200 亿个字节　　D. 200 亿个二进制位

22. 下列关于字符大小关系的说法中，正确的是（　　）。

A. 空格 >a>A　　B. 空格 >A>a　　C. a>A> 空格　　D. A>a> 空格

23. 十进制数 121 转换成无符号二进制整数是（　　）。

A. 1111001　　B. 111001　　C. 1001111　　D. 100111

24. 计算机字长是（　　）。

A. 处理器处理数据的位数　　B. 存储一个字符的位数

C. 屏幕一行显示字符的个数　　D. 存储一个汉字的位数

25. 十进制数 29 转换成无符号二进制数等于（　　）。

A. 11111　　B. 11101　　C. 11001　　D. 11011

26. 在标准 ASCII 码表中，已知英文字母 D 的 ASCII 码值是 68，那么英文字母 A 的 ASCII 码值是（　　）。

A. 64　　B. 65　　C. 96　　D. 97

27. 十进制数 32 转换成无符号二进制整数是（　　）。

A. 100000　　B. 100100　　C. 100010　　D. 101000

28. 十进制数 60 转换成无符号二进制整数是（　　）。

A. 111100　　B. 111010　　C. 111000　　D. 110110

29. 十进制数 59 转换成无符号二进制整数是（　　）。

A. 111101　　B. 111011　　C. 110101　　D. 111111

30. 无符号二进制整数 111111 转换成十进制数是（　　）。

A. 71　　B. 65　　C. 63　　D. 62

31. 一个字符的标准 ASCII 码的长度是（　　）。

A. 7 bits　　B. 8 bits　　C. 16 bits　　D. 6 bits

32. 在标准 ASCII 码表中，已知英文字母 A 的 ASCII 码是 01000001，则英文字母 D 的 ASCII 码是（　　）。

A. 01000011　　B. 01000100　　C. 01000101　　D. 01000110

33. 在标准 ASCII 码表中，数字、小写英文字母和大写英文字母的前后顺序是（　　）。

A. 数字、小写英文字母、大写英文字母

B. 小写英文字母、大写英文字母、数字

C. 数字、大写英文字母、小写英文字母

D. 大写英文字母、小写英文字母、数字

34. CPU 的中文名称是（　　）。

A. 控制器　　B. 不间断电源

C. 算术逻辑部件　　D. 中央处理器

35. 在计算机系统软件中最核心的是（　　）。

A. 程序语言处理系统　　B. 操作系统

C. 数据库管理系统　　D. 诊断程序

36. 汉字的区位码由一个汉字的区号和位号组成，其区号和位号的范围分别为（　　）。

A. 1 ~ 95、1 ~ 95　　B. 1 ~ 94、1 ~ 94

C. 0 ~ 94、0 ~ 94　　D. 0 ~ 95、0 ~ 95

37. 五笔字型汉字输入法的编码属于（　　）码。

A. 音　　B. 形声　　C. 区位　　D. 形

38. 显示或打印汉字时，系统使用的是汉字的（　　）码。

A. 机内　　B. 字形　　C. 输入　　D. 国标

39. 若已知一个汉字的国标码是 5E38H，则其内码是（　　）。

A. DEB8H　　B. DE38H　　C. 5EB8H　　D. 7E58H

40. 下列关于数制转换的叙述中正确的是（　　）。

A. 对于相同的十进制正整数，随着基数 *R* 的增大，转换结果的位数小于或等于原数据的位数

B. 对于相同的十进制正整数，随着基数 *R* 的增大，转换结果的位数大于或等于原数据的位数

C. 不同数制的数字符是各不相同的

D. 一个整数值的二进制数的位数一定大于其十进制数的位数

41. 已知三个字符：a、X 和 5，按它们的 ASCII 码值升序排序，结果是（　　）。

A. 5、a、X　　B. a、5、X　　C. X、a、5　　D. 5、X、a

42. 在下列不同进制的四个数中，最小的数是（　　）。

A. 11011001（二进制）　　B. 75（十进制）

C. 37（八进制）　　D. 2A（十六进制）

43. 用 16×16 点阵来表示汉字的字形，存储一个汉字的字形须用（　　）个字节。

A. 16×1　　B. 16×2　　C. 16×3　　D. 16×4

课题二　计算机中的信息、指令、计算机语言及程序

1. 计算机硬件能直接识别、执行的语言是（　　）语言。

A. 汇编　　B. 机器　　C. 高级程序　　D. C++

2. 下列叙述中正确的是（　　）。

A. C++ 是一种高级程序设计语言

B. 用 C++ 程序设计语言编写的程序无须经过编译就能直接在机器上运行

C. 汇编语言是一种低级程序设计语言，且执行效率很低

D. 机器语言和汇编语言是同一种语言的不同名称

3. 为了提高软件开发效率，开发软件时应尽量采用（　　）。

A. 汇编语言　　B. 机器语言　　C. 指令系统　　D. 高级语言

4. 下列叙述中正确的是（　　）。

A. 用高级语言编写的程序称为源程序

B. 计算机能直接识别、执行用汇编语言编写的程序

C. 用机器语言编写的程序执行效率最低

D. 不同型号的 CPU 具有相同的机器语言

5. 把用高级程序设计语言编写的源程序翻译成目标程序（.OBJ）的程序称为（　　）程序。

A. 汇编　　B. 编辑　　C. 编译　　D. 解释

6. 对声音波形采样时，采样频率越高，声音文件的数据量（　　）。

A. 越小　　B. 越大　　C. 不变　　D. 无法确定

7. 解释程序的功能是（　　）。

A. 解释执行汇编语言程序　　B. 解释执行高级语言程序

C. 将汇编语言程序解释成目标程序　　D. 将高级语言程序解释成目标程序

8. 下列描述中正确的是（　　）。

A. 计算机不能直接执行高级语言源程序，但可以直接执行汇编语言源程序

B. 高级语言与 CPU 型号无关，但汇编语言与 CPU 型号相关

C. 高级语言源程序不如汇编语言源程序的可读性好

D. 高级语言程序不如汇编语言程序的可移植性好

9. 以 .jpg 为扩展名的文件通常是（　　）文件。

A. 文本　　B. 音频信号　　C. 图像　　D. 视频信号

10. 实现音频信号数字化最核心的硬件电路是（　　）。

A. A/D 转换器　　B. D/A 转换器　　C. 数字编码器　　D. 数字解码器

11. 计算机病毒的危害表现为（　　）。

A. 能造成计算机芯片的永久性失效

B. 使磁盘霉变

C. 影响程序运行，破坏计算机系统的数据与程序

D. 切断计算机系统电源

12. 在计算机指令中，规定其所执行操作功能的部分称为（　　）。

A. 地址码　　B. 源操作数　　C. 操作数　　D. 操作码

13. 下列关于操作系统的描述中，正确的是（　　）。

A. 操作系统中只有程序没有数据

B. 其他软件无法使用操作系统提供的人机交互接口

C. 操作系统是一种最重要的应用软件

D. 一台计算机可以安装多个操作系统

14. 下列说法中正确的是（　　）。

A. CPU 可直接处理外存上的信息

B. 计算机可以直接执行用高级语言编写的程序

C. 计算机可以直接执行用机器语言编写的程序

D. 系统软件是买来的软件，应用软件是自己编写的软件

15. 下列叙述中正确的是（　　）。

A. 用高级语言编写的程序可移植性好

B. 用高级语言编写的程序运行效率最高

C. 用机器语言编写的程序执行效率最低

D. 用高级语言编写的程序可读性最差

16. 下列语言本身不能作为网页开发语言的是（　　）。

A. C++　　B. ASP　　C. JSP　　D. HTML

17. 编译程序将高级语言程序翻译成与之等价的机器语言程序，该机器语言程序称为（　　）程序。

A. 工作　　B. 机器　　C. 临时　　D. 目标

18. 与高级语言相比，汇编语言编写的程序通常（　　）。

A. 执行效率更高　　B. 更短

C. 可读性更好　　D. 可移植性更好

19. 用助记符代替操作码、用地址符号或标号代替操作数的面向机器的语言是（　　）语言。

A. 汇编　　B. FORTRAN　　C. 机器　　D. 高级

20. 将目标程序（.OBJ）转换成可执行文件（.EXE）的程序称为（　　）程序。

A. 编辑　　B. 编译　　C. 链接　　D. 汇编

21. 汇编语言程序（　　）。

A. 相对于高级语言程序具有良好的可移植性

B. 相对于高级语言程序具有良好的可读性

C. 相对于机器语言程序具有良好的可移植性

D. 相对于机器语言程序具有较高的执行效率

22. 下列选项中属于计算机程序设计语言的是（　　）。

A. ACDSee　　B. Visual Basic　　C. Wave Edit　　D. WinZip

23. 下列选项中属于面向对象的程序设计语言的是（　　）。

A. Java 和 C　　B. Java 和 C++

C. Visual Basic 和 C　　D. Visual Basic 和 Word

24. 高级程序设计语言的特点是（　　）。

A. 高级程序设计语言数据结构丰富

B. 高级程序设计语言与具体的机器结构密切相关

C. 高级程序设计语言接近算法语言，不易掌握

D. 计算机可立即执行用高级程序设计语言编写的程序

25. 下列说法中错误的是（　　）。

A. 汇编语言是一种依赖于计算机的低级程序设计语言

B. 计算机可以直接执行机器语言程序

C. 高级语言通常都具有执行效率高的特点

D. 为提高开发效率，开发软件时应尽量采用高级语言

26. 以下程序设计语言中属于低级语言的是（　　）。

A. FORTRAN　　B. Java

C. Visual Basic　　D. 80×86 汇编语言

27. 早期的计算机语言中，所有的指令、数据都用一串二进制数 0 和 1 表示，这种语言称为（　　）语言。

A. Visual Basic　　B. 机器　　C. 汇编　　D. Java

28. 下列说法中正确的是（　　）。

A. 与编译方式执行程序相比，解释方式执行程序的效率更高

B. 与汇编语言相比，高级语言程序的执行效率更高

C. 与机器语言相比，汇编语言的可读性更差

D. 以上选项都不对

29. 将汇编源程序翻译成目标程序（.OBJ）的程序称为（　　）程序。

A. 编辑　　B. 编译　　C. 链接　　D. 汇编

30. 面向对象的程序设计语言是（　　）语言。

A. 汇编　　B. 机器　　C. 高级程序设计　　D. 形式

31. 用 C 语言编写的程序被称为（　　）程序。

A. 可执行　　B. 源　　C. 目标　　D. 编译

32. 在计算机中，负责指挥计算机各部分自动协调一致地进行工作的部件是（　　）。

A. 运算器　　B. 控制器　　C. 存储器　　D. 总线

33. 下列手机的常用软件中，属于系统软件的是（　　）。

A. 手机 QQ　　B. Android　　C. Skype　　D. 微信

34. 计算机网络最突出的优点是（　　）。

A. 提高可靠性　　B. 提高计算机的存储容量

C. 运算速度快　　D. 实现资源共享和快速通信

课题三　微型计算机系统

1. 对 CD-ROM 可以进行的操作是（　　）。

A. 读或写　　B. 只能读不能写

C. 只能写不能读　　D. 只能存不能取

2. 通常打印质量最好的打印机是（　　）打印机。

A. 针式　　B. 点阵　　C. 喷墨　　D. 激光

3. 字长是 CPU 的主要性能指标之一，它表示（　　）。

A. CPU 一次能处理的二进制数据的位数

B. CPU 最长的十进制整数的位数

C. CPU 最大的有效数字位数

D. CPU 计算结果的有效数字长度

4. 计算机的系统总线是计算机各部件间传递信息的公共通道，它可分为（　　）。

A. 数据总线和控制总线　　B. 地址总线和数据总线

C. 数据总线、控制总线和地址总线　　D. 地址总线和控制总线

5. 在所列出的软件中：（1）字处理软件，（2）Linux，（3）Unix，（4）学籍管理系统，（5）Windows XP，（6）Office 2003，属于系统软件的有（　　）。

A.（1）、（2）、（3）　　B.（2）、（3）、（5）

C.（1）、（2）、（3）、（5）　　D. 以上都不是

6. 组成计算机硬件系统的基本部分是（　　）。

A. CPU、键盘和显示器　　B. 主机和输入、输出设备

C. CPU 和输入、输出设备　　D. CPU、硬盘、键盘和显示器

7. 调制解调器的主要技术指标是数据传输速率，它的度量单位是（　　）。

A. MIPS　　B. Kbps　　C. DPI　　D. KB

8. 下列说法中错误的是（　　）。

A. 硬盘驱动器和盘片是密封在一起的，不能随意更换盘片

B. 硬盘可以是多张盘片组成的盘片组

C. 硬盘的技术指标除容量外，另一个是转速

D. 硬盘安装在机箱内，属于主机的组成部分

9. 下列软件中，不是操作系统的是（　　）。

A. Linux　　B. Unix　　C. MS DOS　　D. MS Office

10. 操作系统将 CPU 的时间资源划分成极短的时间片，轮流分配给各终端用户，使终端用户单独使用 CPU 的时间片，有独占计算机的感觉，这种操作系统称为（　　）操作系统。

A. 实时　　B. 批处理　　C. 分时　　D. 分布式

11. 计算机上广泛使用的 Windows 是（　　）操作系统。

A. 多任务　　B. 单任务　　C. 实时　　D. 批处理

12. CPU 的指令系统又称为（　　）语言。

A. 汇编　　B. 机器　　C. 程序设计　　D. 符号

13. 下列关于计算机病毒的叙述中，正确的是（　　）。

A. 计算机病毒只感染 .exe 或 .com 文件

B. 计算机病毒可通过读写移动存储设备或通过 Internet 进行传播

C. 计算机病毒是通过电网进行传播的

D. 计算机病毒是程序中的逻辑错误造成的

14. 一个完整的计算机系统的组成部分的确切说法应该是（　　）。

A. 计算机主机、键盘、显示器和软件　　B. 计算机硬件和应用软件

C. 计算机硬件和系统软件　　D. 计算机硬件和软件系统

15. 硬盘属于（　　）。

A. 内部存储器　　B. 外部存储器　　C. 只读存储器　　D. 输出设备

16. 计算机指令由两部分组成，它们是（　　）。

A. 运算符和运算数　　B. 操作数和结果

C. 操作码和操作数　　D. 数据和字符

17. 下列关于 USB 标准接口的叙述中，错误的是（　　）。

A. USB 标准接口的尺寸比并行接口大得多

B. USB2.0 标准接口的数据传输速率大大高于 USB1.1 标准接口

C. USB 标准接口具有热插拔与即插即用的功能

D. 在 Windows XP 下，使用 USB 标准接口连接的外部设备（如移动硬盘、U 盘等）不需要驱动程序

18. 下列选项中，不属于显示器主要性能指标的是（　　）。

A. 分辨率　　B. 重量　　C. 像素的点距　　D. 显示器的尺寸

19. 下列关于随机存取存储器（RAM）的叙述中，正确的是（　　）。

A. RAM 分为静态 RAM（SRAM）和动态 RAM（DRAM）两大类

B. SRAM 的集成度比 DRAM 高

C. DRAM 的存取速度比 SRAM 快

D. DRAM 中存储的数据无须“刷新”

20. 计算机软件的确切含义是（　　）。

A. 计算机程序、数据与相应文档的总称

B. 系统软件与应用软件的总和

C. 操作系统、数据库管理软件与应用软件的总和

D. 各类应用软件的总称

21. 用高级程序设计语言编写的程序（　　）。

A. 计算机能直接执行　　B. 具有良好的可读性和可移植性

C. 执行效率高　　D. 依赖于具体机器

22. 计算机操作系统通常具有的五大功能是指（　　）。

A. CPU 管理、显示器管理、键盘管理、打印机管理和鼠标器管理

B. 硬盘管理、U 盘管理、CPU 管理、显示器管理和键盘管理

C. CPU 管理、存储管理、文件管理、设备管理和作业管理

D. 启动、打印、显示、文件存取和关机

23. 下列计算机程序语言中，不属于高级程序设计语言的是（　　）。

A. Visual Basic　　B. C++　　C. FORTRAN　　D. 汇编语言

24. 在计算机技术中，下列度量存储器容量的单位中，最大的单位是（　　）。

A. KB　　B. MB　　C. Byte　　D. GB

25. 在计算机技术中，英文缩写 CPU 的中文译名是（　　）。

A. 控制器　　B. 运算器　　C. 中央处理器　　D. 寄存器

26. 下列叙述中正确的是（　　）。

A. 用高级语言编写的程序可移植性差

B. 机器语言就是汇编语言，只是名称不同而已

C. 机器语言中指令是由一串二进制数 0、1 组成的

D. 用机器语言编写的程序可读性好

27. 下列关于计算机病毒的叙述中，错误的是（　　）。

A. 反病毒软件可以查杀任何种类的病毒

B. 计算机病毒是人为制造的、企图破坏计算机功能或计算机数据的一段小程序

C. 反病毒软件必须随着新病毒的出现而升级，提高查杀病毒的能力

D. 计算机病毒具有传染性

28. 下列叙述中正确的是（　　）。

A. CPU 能直接读取硬盘上的数据

B. CPU 能直接存取内存储器上的数据

C. CPU 由存储器、运算器和控制器组成

D. CPU 主要用来存储程序和数据

29. 下列设备中，可以作为计算机输入设备的是（　　）。

A. 打印机　　B. 显示器　　C. 鼠标器　　D. 绘图仪

30. 显示器的主要性能指标之一是（　　）。

A. 分辨率　B. 亮度　C. 彩色　D. 对比度

31. 用于存储当前正在运行的应用程序和其相应数据的存储器是（　　）。

A. RAM　B. 硬盘　C. ROM　D. CD-ROM

32. 运算器（ALU）的功能是（　　）。

A. 只能进行逻辑运算　B. 对数据进行算术运算或逻辑运算

C. 只能进行算术运算　D. 进行初等函数的计算

33. 下列关于磁道的说法中正确的是（　　）。

A. 盘面上的磁道是一组同心圆

B. 由于每条磁道的周长不同，所以每条磁道的存储容量也不同

C. 盘面上的磁道是一条阿基米德螺线

D. 磁道最内圈的编号为 0，并依次由内向外逐渐增大，最外圈的编号最大

34. 当计算机病毒发作时，主要造成的破坏是（　　）。

A. 对磁盘片的物理损坏

B. 对磁盘驱动器的损坏

C. 对 CPU 的损坏

D. 对存储在硬盘上的程序、数据甚至系统的破坏

35. 下列设备组中，完全属于输入设备的一组是（　　）。

A. CD-ROM 驱动器、键盘、显示器　B. 绘图仪、键盘、鼠标器

C. 键盘、鼠标器、扫描仪　D. 打印机、硬盘、条码阅读器

36. 计算机系统的技术指标通常是指（　　）。

A. 所配备的系统软件的版本

B. CPU 的时钟频率、运算速度、字长、存储容量和数据传输速率

C. 扫描仪的分辨率、打印机的配置

D. 硬盘容量的大小

37. 在局域网中，提供并管理共享资源的计算机称为（　　）。

A. 网桥　B. 网关　C. 服务器　D. 工作站

38. 计算机硬件主要包括：中央处理器、存储器、输出设备和（　　）。

A. 键盘　B. 鼠标器　C. 输入设备　D. 显示器

39. 下列说法中正确的是（　　）。

A. 计算机体积越大，功能越强

B. 计算机 CPU 主频越高，其运算速度越快

C. 两个显示器的屏幕大小相同，它们的分辨率也相同

D. 激光打印机打印的汉字比喷墨打印机多

40. 计算机的字长是 4 个字节，这意味着（　　）。

A. 能处理的最大数值为 4 位十进制数 9999

B. 能处理的字符串最多由 4 个字符组成

C. 在 CPU 中作为一个整体加以传送处理的数据为 32 位二进制代码

D. 在 CPU 中运算的最大结果为 2^{32}

41. CPU 的主要技术指标包括（　　）。

A. 字长和主频　　B. 可靠性

C. 耗电量和效率　　D. 发热量和冷却效率

42. 下列说法中正确的是（　　）。

A. 进程是一段程序　　B. 进程是一段程序的执行过程

C. 线程是一段子程序　　D. 线程是多个进程的执行过程

43. 下列选项中不能用作存储容量单位的是（　　）。

A. Byte　　B. GB　　C. MIPS　　D. KB

44. 下列说法中正确的是（　　）。

A. 一个进程会伴随着其程序执行的结束而消亡

B. 一段程序会伴随着其进程结束而消亡

C. 任何进程在执行未结束时不允许被强行终止

D. 任何进程在执行未结束时都可以被强行终止

45. 计算机安全是指计算机资产安全，即（　　）。

A. 计算机信息系统资源不受自然有害因素的威胁和危害

B. 信息资源不受自然和人为有害因素的威胁和危害

C. 计算机硬件系统不受人为有害因素的威胁和危害

D. 计算机信息系统资源和信息资源不受自然和人为有害因素的威胁和危害

46. 面向对象的程序设计语言是一种（　　）。

A. 依赖于计算机的低级程序设计语言

B. 计算机能直接执行的程序设计语言

C. 可移植性较好的高级程序设计语言

D. 执行效率较高的程序设计语言

47. 在各类用程序设计语言编写的程序中，相比较而言，执行效率最高的是（　　）。

A. 用高级语言编写的程序　　B. 用汇编语言编写的程序

C. 用机器语言编写的程序　　D. 用面向对象的语言编写的程序

48. 下列叙述中错误的是（　　）。

A. 计算机系统由硬件系统和软件系统组成

B. 计算机软件由各类应用软件组成

C. CPU 主要由运算器和控制器组成

D. 计算机主机由 CPU 和内存储器组成

49. JPEG 标准是用于数字信号压缩的国际标准，其压缩对象是（　　）。

A. 文本　　B. 音频信号　　C. 静态图像　　D. 视频信号

50. 目前有许多不同的音频文件格式，下列不是数字音频文件格式的是（　　）。

A. WAV　　B. GIF　　C. MP3　　D. MID

51. 计算机的主频是指（　　）。

A. 软盘读写速度，用 Hz 表示　　B. 显示器输出速度，用 MHz 表示

C. 时钟频率，用 MHz 表示　　D. 硬盘读写速度

52. 在下列计算机应用项目中，属于科学计算应用领域的是（　　）。

A. 人机对弈　　B. 民航联网订票系统

C. 气象预报　　D. 数控机床

53. 当电源关闭后，下列关于存储器的说法中正确的是（　　）。

A. 存储在 RAM 中的数据不会丢失　　B. 存储在 ROM 中的数据不会丢失

C. 存储在 U 盘中的数据会全部丢失　　D. 存储在硬盘中的数据会丢失

54. 下列叙述中正确的是（　　）。

A. 内存中存放的只有程序代码

B. 内存中存放的只有数据

C. 内存中存放的既有程序代码又有数据

D. 外存中存放的是当前正在执行的程序代码和所需的数据

55. 下列关于 RAM 的叙述中，正确的是（　　）。

A. 存储量极大，属于海量存储器

B. 存储在 RAM 中的信息可以永久保存

C. 一旦断电，存储在 RAM 中的信息将全部消失，且无法恢复

D. 在计算机中，RAM 只用于存储数据

56. 下列说法中正确的是（　　）。

A. 编译程序的功能是将高级语言源程序编译成目标程序

B. 解释程序的功能是解释执行汇编语言程序

C. Intel 8086 指令不能在 Intel P4 上执行

D. C++ 语言和 Visual Basic 语言都是高级语言，因此它们的执行效率相同

57. 组成计算机主机的主要部件是（　　）。

A. 内存和硬盘　　B. CPU、显示器和键盘

C. CPU 和存储器　　D. CPU、内存、硬盘、显示器和键盘

58. UPS 的中文译名是（　　）。

A. 稳压电源　　B. 不间断电源　　C. 高能电源　　D. 调压电源

59. 构成 CPU 的主要部件是（　　）。

A. 内存和控制器　　B. 内存和运算器

C. 控制器和运算器　　D. 内存、控制器和运算器

60. 磁盘在格式化时，被划分为一定数量的同心圆磁道，软盘上最外圈的磁道是（　　）。

A. 0 磁道　　B. 39 磁道　　C. 10 磁道　　D. 80 磁道

61. SRAM 是（　　）。

A. 静态随机存取存储器　　B. 静态只读存储器

C. 动态随机存取存储器　　D. 动态只读存储器

课题四　电子计算机的发展

1. 按电子计算机传统的分代方法，第一代至第四代计算机依次是（　　）。

A. 机械计算机、电子管计算机、晶体管计算机、集成电路计算机

B. 晶体管计算机、集成电路计算机、大规模集成电路计算机、光器件计算机

C. 电子管计算机、晶体管计算机、小规模和中规模集成电路计算机、大规模和超大规模集成电路计算机

D. 手摇机械计算机、电动机械计算机、电子管计算机、晶体管计算机

2. 世界上第一台计算机是1946年美国研制成功的，该计算机的英文缩写为（　　）。

A. MARK-II　　B. ENIAC　　C. EDSAC　　D. EDVAC

3. 世界上公认的第一台电子计算机诞生的年代是（　　）。

A. 20世纪30年代　　B. 20世纪40年代

C. 20世纪80年代　　D. 20世纪90年代

4. 下列选项属于计算机安全设置的是（　　）。

A. 定期备份重要数据　　B. 不下载来路不明的软件及程序

C. 禁用Guest账号　　D. 安装杀（防）毒软件

5. 世界上公认的第一台电子计算机诞生在（　　）。

A. 中国　　B. 美国　　C. 英国　　D. 日本

6. 第二代电子计算机的主要元器件是（　　）。

A. 继电器　　B. 晶体管　　C. 电子管　　D. 集成电路

课题五　计算机网络

1. KB（千字节）是度量存储器容量大小的常用单位之一，1 KB等于（　　）。

A. 1 000个字节　　B. 1 024个字节

C. 1 000个二进位　　D. 1 024个字

2. 用“综合业务数字网”（又称“一线通”）接入因特网的优点是上网通话两不误，它的英文缩写是（　　）。

A. ADSL　　B. ISDN　　C. ISP　　D. TCP

3. 下列关于电子邮件的说法中，不正确的是（　　）。

A. 电子邮件的英文简称是e-mail

B. 加入因特网的每个用户通过申请都可以得到一个“电子信箱”

C. 在一台计算机上申请“电子信箱”，以后只有通过这台计算机上网才能收信

D. 一个人可以申请多个“电子信箱”

4. Internet 中不同网络和不同计算机相互通信的协议是（　　）。

A. ATM 协议　　B. TCP/IP　　C. NOVELL　　D. X.25 协议

5. 能保存网页地址的文件夹是（　　）。

A. 收件箱　　B. 公文包　　C. 我的文档　　D. 收藏夹

6. 下列度量单位中，用来度量计算机网络数据传输速率（比特率）的是（　　）。

A. MB/s　　B. MIPS　　C. GHz　　D. Mbps

7. Internet 提供的最常用、便捷的通信服务是（　　）。

A. 文件传输协议（FTP）　　B. 远程登录（Telnet）

C. 电子邮件（e-mail）　　D. 万维网（WWW）

8. 用户名为 XUEJY 的正确电子邮件地址是（　　）。

A. XUEJY%bj163.com　　B. XUEJY&bj163.com

C. XUEJY#bj163.com　　D. XUEJY@bj163.com

9. 调制解调器是计算机通过电话线接入 Internet 时所必需的硬件，它的功能是（　　）。

A. 只将数字信号转换为模拟信号　　B. 只将模拟信号转换为数字信号

C. 为了在上网的同时能打电话　　D. 将模拟信号和数字信号互相转换

10. 下列关于电子邮件的叙述中，正确的是（　　）。

A. 如果收件人的计算机没有打开，发件人发来的电子邮件将丢失

B. 如果收件人的计算机没有打开，发件人发来的电子邮件将被退回

C. 如果收件人的计算机没有打开，当收件人的计算机打开时再重发邮件

D. 发件人发来的电子邮件保存在收件人的电子邮箱中，收件人可随时接收

11. 计算机网络的主要目标是实现（　　）。

A. 数据处理和网络游戏　　B. 文献检索和网上聊天

C. 快速通信和资源共享　　D. 共享文件和收发邮件

12. 写邮件时，除了要填写发件人地址，另一项必须填写的是（　　）。

A. 信件内容　　B. 收件人地址　　C. 主题　　D. 抄送

13. 传播计算机病毒的一大可能途径是（　　）。

A. 通过键盘输入数据传播　　B. 通过电源线传播

C. 通过使用表面不清洁的光盘传播　　D. 通过网络传播

14. 为防止计算机病毒传播，应该做到（　　）。

A. 无病毒的 U 盘不要与来历不明的 U 盘放在一起

B. 不要复制来历不明的 U 盘中的程序

C. 长时间不用的 U 盘要经常格式化

D. U 盘中不要存放可执行程序

15. 在计算机网络中，常用的传输介质中传输速率最快的是（　　）。

A. 双绞线　　B. 光纤　　C. 同轴电缆　　D. 电话线

16. 以太网的拓扑结构是（　　）。

A. 星形　　B. 总线型　　C. 环形　　D. 树形

17. 上网需要在计算机上安装（　　）软件。

A. 数据库管理　　B. 视频播放　　C. 浏览器　　D. 网络游戏

18. 通常网络用户使用的电子邮箱建在（　　）上。

A. 用户的计算机　　B. 发件人的计算机

C. ISP 的邮件服务器　　D. 收件人的计算机

19. 接入因特网的每台主机都有唯一可识别的地址，称为（　　）。

A. TCP 地址　　B. IP 地址　　C. TCP/IP 地址　　D. URL

20. 1946 年首台电子数字计算机 ENIAC 问世后，冯·诺伊曼在研制计算机 EDVAC 时，提出两个重要的改进，它们是（　　）。

A. 采用二进制和存储程序控制的概念

B. 引入 CPU 和内存储器的概念

C. 采用机器语言和十六进制

D. 采用 ASCII 编码系统

21. 下列关于世界上第一台电子计算机 ENIAC 的叙述中，错误的是（　　）。

A. 它是 1946 年在美国诞生的

B. 它主要采用电子管和继电器

C. 它是首次采用存储程序和程序控制自动工作的电子计算机

D. 研制它的主要目的是用来计算弹道

22. 现代计算机中所采用的电子元器件是（　　）。

A. 电子管　　B. 晶体管

C. 小规模集成电路　　D. 大规模和超大规模集成电路

23. 因特网中 IP 地址用四组十进制数表示，每组数字的取值范围为（　　）。

A. 0～127　　B. 0～128　　C. 0～255　　D. 0～256

24. HTTP 是（　　）。

A. 网址　　B. 域名

C. 高级语言　　D. 超文本传输协议

25. 电子商务的本质是（　　）。

A. 计算机技术　　B. 电子技术　　C. 商务活动　　D. 网络技术

26. FTP 是因特网中（　　）。

A. 用于传送文件的一种服务　　B. 发送电子邮件的软件

C. 浏览网页的工具　　D. 一种聊天的工具

27. 在 Internet 上浏览时，浏览器和 WWW 服务器之间传输网页使用的协议是（　　）。

A. HTTP　　B. IP　　C. FTP　　D. SMTP

28. 下列选项中，不属于 Internet 应用的是（　　）。

A. 新闻组　　B. 远程登录　　C. 网络协议　　D. 搜索引擎

29. Internet 是目前世界上第一大互联网，它起源于美国，其雏形是（　　）。

A. CERNET　　B. NCPC　　C. ARPANET　　D. GBNKT

30. 要在 Web 浏览器中查看某一电子商务公司的主页，应知道（　　）。

A. 该公司的电子邮件地址　　B. 该公司法人的电子邮箱

C. 该公司的 WWW 地址　　D. 该公司法人的 QQ 号

31. 一般而言，Internet 环境中的防火墙建立在（　　）。

A. 每个子网的内部　　B. 内部子网之间

C. 内部网络与外部网络的交叉点　　D. 以上选项都不对

32. 计算机病毒（　　）。

A. 不会对计算机操作人员造成身体伤害

B. 会让所有计算机操作人员感染致病

C. 会让部分计算机操作人员感染致病

D. 会导致部分计算机操作人员感染病毒，但不会致病

33. 通信技术主要是用于扩展人的（　　）功能。

A. 信息处理　　B. 信息传递

C. 信息收集　　D. 信息控制与使用

34. 通常所说的“宏病毒”感染的文件类型是（　　）。

A. COM　　B. DOC　　C. EXE　　D. TXT

35. 下列关于因特网防火墙的叙述中错误的是（　　）。

A. 为单位内部网络提供了安全边界

B. 防止外界入侵单位内部网络

C. 可以阻止来自内部的威胁与攻击

D. 可以使用过滤技术在网络层对数据进行选择

36. 防火墙是指（　　）。

A. 一个特定软件　　B. 一个特定硬件

C. 执行访问控制策略的一组系统　　D. 一批硬件的总称

37. IPv4 地址和 IPv6 地址的位数分别为（　　）。

A. 4、6　　B. 8、16　　C. 16、24　　D. 32、128

38. 在计算机网络中，若所有的计算机都连接到一个中心节点上，当一个网络节点需要传输数据时，首先传输到中心节点上，然后由中心节点转发到目的节点，这种连接结构称为（　　）结构。

A. 总线型拓扑　　B. 环形拓扑　　C. 星形拓扑　　D. 网状拓扑

39. 程序设计语言通常分为（　　）类。

A. 四　　B. 二　　C. 三　　D. 五

40. 下列选项中不属于计算机重要性能指标的是（　　）。

A. 字长　　B. 内存容量　　C. 软件数量　　D. 主频

41. Internet 中用于实现域名和 IP 地址转换的是（　　）。

A. SMTP　　B. DNS　　C. FTP　　D. HTTP

42. 广域网中采用的交换技术大多是（　　）技术。

A. 电路交换　　B. 报文交换　　C. 分组交换　　D. 自定义交换

43. 无线移动网络最突出的优点是（　　）。

A. 资源共享和快速传输信息　　B. 提供随时随地的网络服务

C. 文献检索和网上聊天　　D. 共享文件和收发邮件

44.“千兆以太网”通常是一种高速局域网，其网络数据传输速率大约为（　　）。

A. 1 000 000 位 / 秒
B. 1 000 000 000 位 / 秒
C. 1 000 000 字节 / 秒
D. 1 000 000 000 字节 / 秒

45. 计算机网络是一个（　　）系统。

A. 管理信息
B. 编译
C. 在协议控制下的多机互联
D. 网上购物

46. 下列上网方式中采用无线网络传输技术的是（　　）。

A. ADSL
B. Wi-Fi
C. 电话拨号接入
D. 以上选项全对

47. 为了防止信息被别人窃取，可以设置开机密码，下列密码中最安全的是（　　）。

A. 12345678
B. nd@YZ@g1
C. NDYZ
D. Yingzhong

48. 下列关于域名的说法中正确的是（　　）。

A. 域名就是 IP 地址
B. 域名的使用对象仅限于服务器
C. 域名完全由用户自行定义
D. 域名系统按地理域或机构域分层，采用层次结构

49. 造成计算机中存储数据丢失的原因主要是（　　）。

A. 病毒侵蚀、人为窃取
B. 计算机电磁辐射
C. 计算机存储器硬件损坏
D. 以上选项全对

50. 下列关于光纤通信的说法中错误的是（　　）。

A. 光纤通信是利用光导纤维传导光信号来进行通信的
B. 光纤通信具有通信容量大、保密性强和传输距离长等优点
C. 光纤线路的损耗大，所以每隔 1 ~ 2 km 就需要使用中继器
D. 光纤通信常用波分多路复用技术提高通信容量

51. 主要用于实现两个不同网络互联的设备是（　　）。

A. 转发器
B. 集线器
C. 路由器
D. 调制解调器

52. 防火墙用于将 Internet 和内部网络隔离，因此它是（　　）。

A. 防止 Internet 发生火灾的硬件设施
B. 抗电磁干扰的硬件设施
C. 保护网线不受破坏的软件和硬件设施
D. 网络安全和信息安全的软件和硬件设施

53. 假设邮件服务器的地址是 email.bj163.com，则用户正确的电子邮箱地址的格式是（　　）。

A. 用户名 #email.bj163.com　　B. 用户名 @email.bj163.com

C. 用户名 &email.bj163.com　　D. 用户名 $email.bj163.com

54. 为实现以 ADSL 方式接入 Internet，至少需要在计算机中内置或外置的一个关键硬件设备是（　　）。

A. 网卡　　B. 集线器　　C. 服务器　　D. 调制解调器

55. 下列选项中正确的电子邮箱地址是（　　）。

A. L202@sina.com　　B. TT202#yahoo.com

C. A112.256.23.8　　D. K201&yahoo.com.cn

56. 域名 abc.xyz.com.cn 中主机名是（　　）。

A. abc　　B. xyz　　C. com　　D. cn

57. 目前广泛使用的 Internet 的前身可追溯到（　　）。

A. ARPANET　　B. CHINANET　　C. DECNET　　D. NOVELL

58. 在下列网络传输介质中，抗干扰能力最好的是（　　）。

A. 光缆　　B. 同轴电缆　　C. 双绞线　　D. 电话线

59. 下列论述中错误的是（　　）。

A. 描述计算机执行速度的单位是 MB

B. 计算机系统可靠性指标可用平均无故障运行时间来描述

C. 计算机系统从故障发生到故障修复平均所需时间称为平均修复时间

D. 计算机系统在不改变已有部分的前提下，增加新的部件、提升新的处理能力或增加新的容量的能力，称为可扩充性

60. CAI 的中文表达为（　　）。

A. 计算机辅助设计　　B. 计算机辅助制造

C. 计算机辅助教学　　D. 计算机辅助军事

61. 计算机应用领域可大体分为六个方面，下列选项中属于这六个方面的是（　　）。

A. 计算机辅助教学、专家系统、人工智能

B. 工程计算、数据构造、文字处理

C. 实时控制、科学计算、数据处理

D. 数值处理、人工智能、操作系统

62. 十进制数 269 转换为十六进制数为（　　）。

A. 10E　　B. 10D　　C. 10C　　D. 10B

63. 下列关于计算机病毒的叙述中，正确的是（　　）。

A. 反病毒软件可以查杀任何种类的病毒

B. 计算机病毒是一种被破坏了的程序

C. 反病毒软件必须随着新病毒的出现而升级，提高查杀病毒的能力

D. 感染过计算机病毒的计算机具有对该病毒的免疫性

64. 在因特网技术中，英文缩写 ISP 的中文全称是（　　）。

A. 因特网服务提供商　　B. 因特网服务产品

C. 因特网服务协议　　D. 因特网服务程序

65. 在计算机网络中，英文缩写 WAN 的中文名称是（　　）。

A. 局域网　　B. 无线网

C. 广域网　　D. 城域网

66. 根据 Internet 的域名代码规定，域名中的（　　）表示商业组织。

A. net　　B. com　　C. gov　　D. org

67. 通常所说的计算机的主机是指（　　）。

A. CPU 和内存　　B. CPU 和硬盘

C. CPU、内存和硬盘　　D. CPU、内存与 CD-ROM

68. 操作系统中的文件管理系统为用户提供的功能是（　　）。

A. 按文件作者存取文件　　B. 按文件名管理文件

C. 按文件创建日期存取文件　　D. 按文件大小存取文件

69. 下列关于计算机病毒的叙述中，正确的是（　　）。

A. 所有计算机病毒只在可执行文件中传播

B. 计算机病毒可通过读写存储设备或 Internet 进行传播

C. 只要把带病毒 U 盘设置成只读状态，那么此盘上的病毒就不会因读盘而传播给另一台计算机

D. 清除病毒最简单的方法是删除已感染病毒的文件

70. 下列不属于计算机特点的是（　　）。

A. 自动化程度高　　B. 具有逻辑推理和判断能力

C. 处理速度快、存储容量大　　D. 不可靠、故障率高

71. 下列英文缩写和中文名称的对照中，错误的是（　　）。

A. CAD——计算机辅助设计　　B. CAM——计算机辅助制造

C. CIMS——计算机集成管理系统　　D. CAI——计算机辅助教学

课题六　计算机系统的配置

1. 十进制数 18 转换成二进制数是（　　）。

A. 010101　　B. 101000　　C. 010010　　D. 001010

2. 在标准 ASCII 码表中，已知英文字母 A 的 ASCII 码是 01000001，则英文字母 E 的 ASCII 码是（　　）。

A. 01000011　　B. 01000100　　C. 01000101　　D. 01000010

3. 组成计算机系统的两大部分是（　　）。

A. 硬件系统和软件系统　　B. 主机和外部设备

C. 系统软件和应用软件　　D. 输入设备和输出设备

4. 计算机之所以能按人们的意图自动进行工作，最直接的原因是采用了（　　）。

A. 二进制　　B. 高速电子元件

C. 程序设计语言　　D. 存储程序控制

5. 用 MIPS 衡量的计算机性能指标是（　　）。

A. 处理能力　　B. 内存容量

C. 字长　　D. 运算速度

6. 在外部设备中，扫描仪属于（　　）设备。

A. 输出　　B. 存储　　C. 输入　　D. 特殊

7. 计算机硬件主要包括中央处理器（CPU）、存储器、输出设备和（　　）。

A. 键盘　　B. 鼠标器　　C. 显示器　　D. 输入设备

8. 十进制整数 127 转换为二进制整数等于（　　）。

A. 1010000　　B. 0001000　　C. 1111111　　D. 1011000

9. 用 8 位二进制数能表示的最大无符号整数等于十进制整数（　　）。

A. 255　　B. 256　　C. 128　　D. 127

10. 十进制整数 64 转换为二进制整数等于（　　）。

A. 1100000　　B. 1000000　　C. 1000100　　D. 1000010

11. 调制解调器的功能是（　　）。

A. 将计算机的数字信号转换成模拟信号

B. 将模拟信号转换成计算机的数字信号

C. 将数字信号与模拟信号相互转换

D. 为了上网与接电话两不误

12. 存储一个 48×48 点阵的汉字字形码需要的字节数是（　　）。

A. 384　　B. 144　　C. 256　　D. 288

13. 若要将计算机与局域网连接，至少需要具有的硬件是（　　）。

A. 集线器　　B. 网关　　C. 网卡　　D. 路由器

14. 拥有计算机并以拨号方式接入 Internet 的用户需要使用（　　）。

A. CD-ROM　　B. 鼠标器　　C. U 盘　　D. 调制解调器

15. Internet 实现了分布在世界各地的各类网络的互联，其最基础和核心的协议是（　　）。

A. HTTP　　B. FTP　　C. HTML　　D. TCP/IP

16. 度量计算机运算速度常用的单位是（　　）。

A. MIPS　　B. MHz　　C. MB/s　　D. Mbps

17. 下列关于计算机病毒的说法中，正确的是（　　）。

A. 计算机病毒是对计算机操作人员身体有害的生物病毒

B. 计算机病毒发作后，将造成计算机硬件永久性的物理损坏

C. 计算机病毒是一种通过自我复制进行传染的、破坏计算机程序和数据的小程序

D. 计算机病毒是一种有逻辑错误的程序

18. 蠕虫病毒属于（　　）病毒。

A. 宏　　B. 网络　　C. 混合型　　D. 文件型

19. 随着 Internet 的发展，越来越多的计算机感染病毒的可能途径之一是（　　）。

A. 从键盘上输入数据

B. 通过电源线

C. 所使用的光盘表面不清洁

D. 通过 Internet 的 e-mail，附着在电子邮件的信息中

20. 计算机硬件系统中最核心的部件是（　　）。

A. 内存储器　　B. 输入、输出设备

C. CPU　　D. 硬盘

21. 组成计算机指令的两部分是（　　）。

A. 数据和字符　　B. 操作码和地址码

C. 运算符和运算数　　D. 运算符和运算结果

22. 如果在一个非零无符号二进制整数之后添加一个 0，则此数的值为原数的（　　）。

A. 4 倍　　B. 2 倍　　C. 1/2　　D. 1/4

23. 在计算机中，每个存储单元都有一个连续的编号，此编号被称为（　　）。

A. 地址　　B. 位置号　　C. 门牌号　　D. 房号

24. 下列设备中，不能作为计算机输出设备的是（　　）。

A. 鼠标器　　B. 打印机　　C. 显示器　　D. 绘图仪

25. 汇编语言是一种（　　）。

A. 依赖于计算机的低级程序设计语言

B. 计算机能直接执行的程序设计语言

C. 独立于计算机的高级程序设计语言

D. 执行效率较低的程序设计语言

26. 有一域名为 bit.edu.cn，根据域名代码的规定，此域名表示（　　）。

A. 教育机构　　B. 商业组织　　C. 军事部门　　D. 政府部门

27. 一个字长为 6 位的无符号二进制数能表示的十进制数值范围是（　　）。

A. 0 ~ 64　　B. 0 ~ 63　　C. 1 ~ 64　　D. 1 ~ 63

28. 下列字符中，其 ASCII 码值最大的是（　　）。

A. 9　　B. Q　　C. d　　D. F

29. DVD-ROM 属于（　　）。

A. 大容量可读可写外部存储器　　B. 大容量只读外部存储器

C. CPU 可直接存取的存储器　　D. 只读内部存储器

30. 世界上第一台计算机是 1946 年在美国研制成功的，该计算机的英文名称缩写为（　　）。

A. MARK–II　　B. ENIAC　　C. EDSAC　　D. EDVAC

31. 计算机集成制造系统的英文缩写是（　　）。

A. CAD　　B. CAM　　C. CIMS　　D. ERP

32. 下列英文缩写和中文名称的对照中，正确的是（　　）。

A. CAD——计算机辅助设计　　B. CAM——计算机辅助教育

C. CIMS——计算机集成管理系统　　D. CAI——计算机辅助制造

33. 下列不属于计算机特点的是（　　）。

A. 自动化程度高　　B. 具有逻辑推理和判断能力

C. 处理速度快、存储量大　　D. 不可靠、故障率高

34. 办公室自动化（OA）是计算机的一项应用，按计算机应用的分类，它属于（　　）。

A. 科学计算　　B. 辅助设计　　C. 实时控制　　D. 信息处理

35. 数码相机里的照片可以利用计算机软件进行处理，计算机的这种应用属于（　　）。

A. 图像处理　　B. 实时控制

C. 嵌入式系统　　D. 辅助设计

36. 专门为某种用途而设计的计算机称为（　　）计算机。

A. 专用　　B. 地用　　C. 特殊　　D. 模拟

37. CAM 的中文名称是（　　）。

A. 计算机辅助设计　　B. 计算机辅助教学

C. 计算机辅助制造　　D. 计算机辅助测试

38. 下列不属于计算机信息处理的是（　　）。

A. 图像信息处理　　B. 视频信息处理

C. 火箭轨道计算　　D. 信息检索

39. 世界上第一台计算机诞生于（　　）年。

A. 1945　　B. 1956　　C. 1935　　D. 1946

40. 第四代电子计算机使用的电子元器件是（　　）。

A. 晶体管　　B. 电子管

C. 小规模和中规模集成电路　　D. 大规模和超大规模集成电路

41. 二进制数 110000 转换成十六进制数是（　　）。

A. 77　　B. D7　　C. 7　　D. 30

42. 与十进制数 4625 等值的十六进制数为（　　）。

A. 1211　　B. 1121　　C. 1122　　D. 1221

43. 与二进制数 110101 相对应的十进制数是（　　）。

A. 44　　B. 65　　C. 53　　D. 74

44. 在 24×24 点阵字库中，每个中文字模信息存储在（　　）个字节中。

A. 24　　B. 48　　C. 72　　D. 12

45. 下列字符中，其 ASCII 码值最小的是（　　）。

A. .　　B. a　　C. k　　D. M

46. 在计算机中，普遍使用的字符编码是（　　）。

A. 补码　　B. 原码　　C. ASCII 码　　D. 中文编码

47. 网络操作系统除了具备普通操作系统的功能，还具备的功能是（　　）。

A. 文献传播和远程键盘操作　　B. 分时为各种顾客服务

C. 网络通信和资源共享　　D. 远程源程序开发

48. 为解决某一特定问题而设计的指令序列称为（　　）。

A. 文献　　B. 语言　　C. 程序　　D. 软件

49. 下列论述中正确的是（　　）。

A. 计算机系统由主机、外设和系统软件构成

B. 计算机系统由硬件系统和应用软件构成

C. 计算机系统由硬件系统和软件系统构成

D. 计算机系统由微解决器、外设和软件系统构成

50. 下列软件中，都属于系统软件的是（　　）。

A. DOS 和 Excel　　B. DOS 和 Unix

C. Unix 和 WPS　　D. Word 和 Linux

51. 数据传输速率的单位是（　　）。

A. 位 / 秒　　B. 字长 / 秒　　C. 帧 / 秒　　D. 米 / 秒

52. 在 Windows 环境中，最常用的输入设备是（　　）。

A. 键盘　　B. 鼠标器　　C. 扫描仪　　D. 手写设备

53. 下列论述中正确的是（　　）。

A. 计算机体积越大，其功能越强

B. CD-ROM 容量比硬盘容量大

C. 存储器具有记忆功能，故其中信息任何时候都不会丢失

D. CPU 是中央处理器的简称

54. 已知双面高密软磁盘格式化后容量为 1.2 MB，每面有 80 条磁道，每条磁道有 15 个扇区，那么每个扇区的字节数约为（　　）B。

A. 256　　B. 512　　C. 1 024　　D. 128

55. 下列属于计算机病毒特性的是（　　）性。

A. 模糊　　B. 高速　　C. 传染　　D. 危急

56. 假设某台式计算机的内存储器容量为 128 MB，硬盘容量为 10 GB，则硬盘容量是内存容量的（　　）倍。

A. 40　　B. 60　　C. 80　　D. 100

57. 下列设备组中，完全属于计算机输出设备的一组是（　　）。

A. 喷墨打印机、显示器、键盘　　B. 激光打印机、键盘、鼠标器

C. 键盘、鼠标器、扫描仪　　D. 打印机、绘图仪、显示器

58. 把内存中数据传送到计算机硬盘的操作称为（　　）。

A. 显示　　B. 写盘　　C. 输入　　D. 读盘

59. 控制器的功能是（　　）。

A. 指挥、协调计算机各相关硬件工作

B. 指挥、协调计算机各相关软件工作

C. 指挥、协调计算机各相关硬件和软件工作

D. 控制数据的输入和输出

60. 下列关于 U 盘的描述中错误的是（　　）。

A. U 盘有基本型、增强型和加密型三种

B. U 盘的特点是重量轻、体积小

C. U 盘多固定在机箱内，不便携带

D. 断电后，U 盘还能保持存储的数据不丢失

61. 影响一台计算机性能的关键部件是（　　）。

A. CD-ROM　　B. 硬盘　　C. CPU　　D. 显示器

62. 下列不是度量存储器容量的单位是（　　）。

A. KB　　B. MB　　C. GHz　　D. GB

63. 在 CPU 中，除了内部总线和必要的寄存器，主要的两大部件分别是运算器和（　　）。

A. 控制器　　B. 存储器　　C. Cache　　D. 编译器

64. 移动硬盘或 U 盘连接计算机所使用的接口通常是（　　）接口。

A. RS-232C　　B. 并行　　C. USB　　D. UBS

65. 假设某台式计算机的内存储器容量为 256 MB，硬盘容量为 40 GB，则硬盘容量是内存容量的（　　）倍。

A. 200　　B. 160　　C. 120　　D. 100

66. 下列度量单位中，用来度量计算机外部设备传输速率的是（　　）。

A. MB/s　　B. MIPS　　C. GHz　　D. MB

67. 把硬盘上的数据传送到计算机内存中的操作称为（　　）。

A. 读盘　　B. 写盘　　C. 输出　　D. 存盘

68. 当前流行的 Pentium 4 的 CPU 的字长是（　　）bits。

A. 8　　B. 16　　C. 32　　D. 64

69. 下列选项中能完整描述计算机操作系统作用的是（　　）。

A. 它是用户与计算机的界面

B. 它对用户存储的文件进行管理，方便用户使用

C. 它执行用户键入的各类命令

D. 它管理计算机系统的全部软、硬件资源，合理组织计算机的工作流程，以充分发挥计算机资源的作用，为用户提供使用计算机的友好界面

70. 下列叙述中错误的是（　　）。

A. 硬盘在主机箱内，它是主机的组成部分

B. 硬盘属于外部存储器

C. 硬盘驱动器既可作输入设备又可作输出设备

D. 硬盘与 CPU 之间不能直接交换数据

71. 计算机病毒是指能够侵入计算机系统并在计算机系统中潜伏、传播，破坏系统正常工作的一种具有繁殖能力的（　　）。

A. 流行性感冒病毒　　B. 特殊小程序

C. 特殊微生物　　D. 源程序

72. 用于控制、指挥和协调计算机各部件工作的是（　　）。

A. 运算器　　B. 鼠标器　　C. 控制器　　D. 存储器

73. 下列叙述中正确的是（　　）。

A. 字长为 16 位表示这台计算机最大能计算一个 16 位的十进制数

B. 字长为 16 位表示这台计算机的 CPU 一次能处理 16 位二进制数

C. 运算器只能进行算术运算

D. SRAM 的集成度高于 DRAM

74. 下列设备组中，完全属于外部设备的一组是（　　）。

A. 激光打印机、移动硬盘、鼠标器

B. CPU、键盘、显示器

C. SRAM 内存条、CD-ROM 驱动器、扫描仪

D. U 盘、内存储器、硬盘

75. 下列关于编译程序的说法中正确的是（　　）。

A. 编译程序属于计算机应用软件，所有用户都需要编译程序

B. 编译程序不会生成目标程序，而是直接执行源程序

C. 编译程序完成高级语言程序到低级语言程序的等价翻译

D. 编译程序构造比较复杂，一般不进行出错处理

76. 编译程序属于（　　）。

A. 系统软件　　B. 应用软件　　C. 操作系统　　D. 数据库管理软件

77. 在因特网上，一台计算机可以作为另一台主机的远程终端，使用该主机的资源，该项服务称为（　　）。

A. Telnet　　B. BBS　　C. FTP　　D. WWW

78. 在计算机的配置中常看到“P4 2.4G”字样，其中“2.4G”表示（　　）。

A. 处理器的时钟频率是 2.4 GHz

B. 处理器的运算速度是 2.4 GIPS

C. 处理器是 Pentium 4 的第 2.4 代

D. 处理器与内存间的数据交换速率是 2.4 GB/s

79. 一个字长为 5 位的无符号二进制数能表示的十进制数值范围是（　　）。

A. 1 ~ 32　　B. 0 ~ 31　　C. 1 ~ 31　　D. 0 ~ 32

80. 1 GB 的准确值是（　　）。

A. 1 024 × 1 024 Bytes　　B. 1 024 KB

C. 1 024 MB　　D. 1 000 × 1 000 KB

81. 下列字符中，其 ASCII 码值最大的是（　　）。

A. Z　　B. 9　　C. 空格　　D. a

82. 存储 1 024 个 24 × 24 点阵的汉字字形码需要的字节数是（　　）。

A. 720 B　　B. 72 KB　　C. 7 000 B　　D. 7 200 B

83. 下列关于电子邮件的说法中，正确的是（　　）。

A. 收件人必须有 e-mail 地址，发件人可以没有 e-mail 地址

B. 发件人必须有 e-mail 地址，收件人可以没有 e-mail 地址

C. 发件人和收件人都必须有 e-mail 地址

D. 发件人必须知道收件人的邮政编码

84. 下列关于计算机病毒的叙述中，正确的是（　　）。

A. 反病毒软件可以查杀任何种类的病毒

B. 计算机病毒是一种被破坏了的程序

C. 反病毒软件必须随着新病毒的出现而升级，提高查杀病毒的能力

D. 感染过计算机病毒的计算机具有对该病毒的免疫性

85. 根据域名代码规定，表示政府部门网站的域名代码是（　　）。

A. net　　B. com　　C. gov　　D. org

86. 将用高级语言编写的程序翻译成机器语言程序，采用的两种翻译方式是（　　）。

A. 编译和解释　　B. 编译和汇编

C. 编译和链接　　D. 解释和汇编

87. 下列各软件中，不是系统软件的是（　　）。

A. 操作系统　　B. 语言处理系统

C. 指挥信息系统　　D. 数据库管理系统

88. 操作系统对磁盘进行读写操作的物理单位是（　　）。

A. 磁道　　B. 字节　　C. 扇区　　D. 文件

89. 在下列字符中，其 ASCII 码值最小的是（　　）。

A. 9　　B. p　　C. Z　　D. a

90. 下列关于 CPU 的叙述中，正确的是（　　）。

A. CPU 能直接读取硬盘上的数据

B. CPU 能直接与内存储器交换数据

C. CPU 的主要组成部分是存储器和控制器

D. CPU 主要用来执行算术运算

91. 下列叙述中正确的是（　　）。

A. 计算机病毒是光盘表面不清洁造成的

B. 计算机病毒主要通过读写移动存储器或 Internet 进行传播

C. 只要把带病毒的 U 盘设置成只读状态，那么此盘上的病毒就不会因读盘而传染给另一台计算机

D. 计算机病毒的发作将造成计算机硬件永久性的物理损坏

92. 字长是 CPU 的主要技术性能指标之一，它表示的是（　　）。

A. CPU 计算结果的有效数字长度

B. CPU 一次能处理二进制数据的位数

C. CPU 能表示的最大的有效数字位数

D. CPU 能表示的十进制整数的位数

93. “32 位计算机”中的“32 位”是指（　　）。

A. 计算机型号　　B. 内存容量　　C. 存储单位　　D. 机器字长

94. 计算机有多种技术指标，其中主频是指（　　）。

A. 内存的时钟频率　　B. CPU 内核工作的时钟频率

C. 系统时钟频率，也称外频　　D. 总线频率

95. 计算机的技术性能指标主要是指（　　）。

A. 计算机所配备的程序设计语言、操作系统、外部设备

B. 计算机的可靠性、可维性和可用性

C. 显示器的分辨率、打印机的性能等配置

D. 字长、主频、运算速度、内存容量、外存容量

96. 当电源关闭后，下列关于存储器的说法中，正确的是（　　）。

A. 存储在 RAM 中的数据不会丢失　　B. 存储在 ROM 中的数据不会丢失

C. 存储在 U 盘中的数据会全部丢失　　D. 存储在硬盘中的数据会丢失

97. 下列度量单位中，用来度量 CPU 时钟频率的是（　　）。

A. MB/s　　B. MIPS　　C. GHz　　D. MB

98. 配置 Cache（缓存）是为了解决（　　）。

A. 内存与外存之间速度不匹配问题　　B. CPU 与外存之间速度不匹配问题

C. CPU 与内存之间速度不匹配问题　　D. 主机与外部设备之间速度不匹配问题

99. 下列说法中正确的是（　　）。

A. 与编译方式执行程序相比，解释方式执行程序的效率更高

B. 与汇编语言程序相比，高级语言程序的执行效率更高

C. 与机器语言相比，汇编语言的可读性更差

D. 以上选项都不对

100. 在计算机的硬件技术中，构成存储器的最小单位是（　　）。

A. 字节（Byte）　　B. 二进制位（bit）

C. 字（Word）　　D. 双字（Double Word）

101. 下列设备组中，完全属于外部设备的一组是（　　）。

A. CD-ROM 驱动器、CPU、键盘、显示器

B. 激光打印机、键盘、CD-ROM 驱动器、鼠标器

C. 主存储器、CD-ROM 驱动器、扫描仪、显示器

D. 打印机、CPU、内存储器、硬盘

102. 英文缩写 ROM 的中文译名是（　　）。

A. 高速缓冲存储器　　B. 只读存储器

C. 随机存取存储器　　D. U 盘

103. 下面关于随机存取存储器（RAM）的叙述中，正确的是（　　）。

A. 存储在 SRAM 或 DRAM 中的数据在断电后将全部丢失且无法恢复

B. SRAM 的集成度比 DRAM 高

C. DRAM 的存取速度比 SRAM 快

D. DRAM 常用来作为 Cache（缓存）

104. 计算机内存中用于存储信息的部件是（　　）。

A. U 盘　　B. 只读存储器

C. 硬盘　　D. 随机存取存储器（RAM）

105. 下列叙述中错误的是（　　）。

A. 硬磁盘可以与 CPU 之间直接交换数据

B. 硬磁盘在主机箱内，可以存放大量文件

C. 硬磁盘是外存储器之一

D. 硬磁盘的技术指标之一是转速

106. 移动硬盘与 U 盘相比，最大的优势是（　　）。

A. 容量大　B. 速度快　C. 安全性高　D. 兼容性好

107. 目前使用的硬磁盘，在其读写寻址过程中（　　）。

A. 盘片静止，磁头沿圆周方向旋转

B. 盘片旋转，磁头静止

C. 盘片旋转，磁头沿盘片径向运动

D. 盘片与磁头都静止不动

108. 下列存储器中，存取速度最快的一种是（　　）。

A. RAM　B. 光盘　C. U 盘　D. 硬盘

109. 用于存储当前正在运行的应用程序及相应数据的存储器是（　　）。

A. 内存　B. 硬盘　C. U 盘　D. CD-ROM

110. 在 CD 光盘上标记有“CD-RW”字样，“RW”标记表明该光盘是（　　）。

A. 只能写入一次、可以反复读出的一次性写入光盘

B. 可多次擦除型光盘

C. 只能读出、不能写入的只读光盘

D. 其驱动器单倍速为 1 350 KB/s 的高密度可读写光盘

111. Cache 的中文译名是（　　）。

A. 缓冲器　B. 只读存储器

C. 高速缓冲存储器　D. 可编程只读存储器

112. 液晶显示器（LCD）的主要技术指标不包括（　　）。

A. 显示分辨率　B. 显示速度

C. 亮度和对比度　D. 存储容量

113. 下列叙述中错误的是（　　）。

A. 把数据从内存传输到硬盘的操作称为写盘

B. Windows 属于应用软件

C. 把用高级语言编写的程序转换为机器语言的目标程序的过程称为编译

D. 计算机内部对数据的传输、存储和处理都使用二进制

114. 下列各组软件中，全部属于应用软件的是（　　）。

A. 程序语言处理程序、数据库管理系统、财务处理软件

B. 文字处理程序、编辑程序、Unix 操作系统

C. 管理信息系统、办公自动化系统、电子商务软件

D. Word 2010、Windows XP、指挥信息系统

115. 计算机操作系统的主要功能是（　　）。

A. 管理计算机系统的软硬件资源，以充分发挥计算机资源的作用，并为其他软件提供良好的运行环境

B. 把用高级程序设计语言和汇编语言编写的程序翻译为计算机硬件可以直接执行的目标程序，为用户提供良好的软件开发环境

C. 对各类计算机文件进行有效的管理，并提交计算机硬件进行高效处理

D. 为用户操作和使用计算机提供方便

116. 下列关于编译程序的说法中正确的是（　　）。

A. 编译程序直接生成可执行文件

B. 编译程序直接执行源程序

C. 编译程序完成高级语言程序到低级语言程序的等价翻译

D. 各种编译程序构造都比较复杂，所以执行效率高

117. Windows 是计算机系统中的（　　）。

A. 主要硬件　　B. 系统软件　　C. 工具软件　　D. 应用软件

118. 下列软件中，属于应用软件的是（　　）。

A. 操作系统　　B. 数据库管理系统

C. 程序设计语言处理系统　　D. 管理信息系统

119. 下列软件中，属于系统软件的是（　　）。

A. 办公自动化软件　　B. Windows XP

C. 管理信息系统　　D. 指挥信息系统

120. 下列说法中正确的是（　　）。

A. 只要将高级程序语言编写的源程序文件（如 try.c）的扩展名更改为 .exe，它就成为可执行文件了

B. 高档计算机可以直接执行用高级程序语言编写的程序

C. 高级语言源程序只有经过编译和链接后才能成为可执行程序

D. 用高级程序语言编写的程序可移植性和可读性都很差

121. 能直接与 CPU 交换信息的存储器是（　　）。

A. 硬盘存储器　　B. CD-ROM　　C. 内存储器　　D. U 盘存储器

122. 计算机指令主要存放在（　　）中。

A. CPU　　B. 内存　　C. 硬盘　　D. 键盘

123. 计算机上广泛使用的 Windows XP 是（　　）。

A. 多用户多任务操作系统　　B. 单用户多任务操作系统

C. 实时操作系统　　D. 多用户分时操作系统

课题七　计算机的应用领域

1. 下列选项中，既可作为输入设备又可作为输出设备的是（　　）。

A. 扫描仪　　B. 绘图仪　　C. 鼠标器　　D. 磁盘驱动器

2. 计算机技术中，下列英文缩写和中文名字的对照中，正确的是（　　）。

A. CAD——计算机辅助制造　　B. CAM——计算机辅助教学

C. CIMS——计算机集成制造系统　　D. CAI——计算机辅助设计

3. 电子计算机最早的应用领域是（　　）。

A. 数据处理　　B. 科学计算　　C. 工业控制　　D. 文字处理

4. 按计算机应用的分类，“铁路联网售票系统”属于（　　）。

A. 科学计算　　B. 辅助设计　　C. 实时控制　　D. 信息处理

5. 目前的许多消费电子产品（数码相机、数字电视机等）中都使用了不同功能的微处理器来完成特定的处理任务，计算机的这种应用属于（　　）。

A. 科学计算　　B. 实时控制　　C. 嵌入式系统　　D. 辅助设计

6. 对一个图形来说，通常用位图格式文件存储所占用的空间比用矢量格式文件存储所占用的空间（　　）。

A. 更小　　B. 更大　　C. 相同　　D. 无法确定

7. 以 .wav 为扩展名的文件通常是（　　）文件。

A. 文本　　B. 音频信号　　C. 图像　　D. 视频信号

8. 以 .txt 为扩展名的文件通常是（　　）文件。

A. 文本　　B. 音频信号　　C. 图像　　D. 视频信号

9. 某 800 万像素的数码相机拍摄照片的最高分辨率大约是（　　）。

A. 3 200 × 2 400　　B. 2 048 × 1 600

C. 1 600 × 1 200　　D. 1 024 × 768

10. 计算机技术应用广泛，下列应用属于科学计算方面的是（　　）。

A. 图像信息处理　　B. 视频信息处理

C. 火箭轨道计算　　D. 信息检索

计算机理论习题答案解析

课题一　计算机常用数制与编码

1. 答案：B。

试题解析：

在计算机内部一般是采用二进制码的形式来传送、存储、加工处理数据或指令的。

2. 答案：D。

试题解析：

绘图仪是输出设备，网络摄像头和手写笔是输入设备，磁盘驱动器既可以作输入设备也可以作输出设备。

3. 答案：D。

试题解析：

目前计算机的 CPU 可以处理的二进制位数至少为 8 位。

4. 答案：B。

试题解析：

ASCII 码是美国信息交换标准代码，被国际标准化组织指定为国际标准。国际通用的 7 位 ASCII 码是用 7 位二进制数表示一个字符的编码，其编码范围为 0000000B ~ 1111111B，共有 2^7=128 个不同的编码值，相应可以表示 128 个不同字符的编码。计算机内部用一个字节（8 位二进制位）存放一个 7 位 ASCII 码，将其最高位置为 0。

7 位 ASCII 码表中对大、小写英文字母，阿拉伯数字，标点符号及控制符等特殊符号规定了编码，其中小写字母的 ASCII 码值大于大写字母的 ASCII 码值。

5. 答案：A。

试题解析：

ASCII 码是美国信息交换标准代码，被国际标准化组织指定为国际标准。国际通用的 7 位 ASCII 码是用 7 位二进制数表示一个字符的编码，其编码范围为 0000000B ~ 1111111B，共有 2^7=128 个不同的编码值，相应可以表示 128 个不同字符的编码。计算机内部用一个字节（8 位二进制位）存放一个 7 位 ASCII 码，将其最高位置为 0。

7 位 ASCII 码表中对大、小写英文字母，阿拉伯数字，标点符号及控制符等特殊符号规定了编码，其中小写字母的 ASCII 码值大于大写字母的 ASCII 码值。

一个英文字符的 ASCII 码即是内码，而对于汉字系统，ASCII 码与内码并不是同一个值。

6. 答案：B。

试题解析：

在标准 ASCII 码表中，英文字母 a 的码值是 97，英文字母 A 的码值是 65，两者的差值为 32。

7. 答案：C。

试题解析：

ASCII 码本是二进制代码，而 ASCII 码表是按照十进制数的顺序排列的，包括英文小写字母、英文大写字母、各种标点符号及专用符号、功能符等。英文字母 a 的 ASCII 码值是 65+32=97。

8. 答案：C。

试题解析：

二进制数中出现的数字字符只有两个：0 和 1，每一位计数的原则为“逢二进一”。因此，当 D>1 时，其相对应 B 的位数必大于 D 的位数；当 D=0 或 1 时，B 的位数等于 D 的位数。

9. 答案：A。

试题解析：

空格的 ASCII 码值是 32；0 的 ASCII 码值是 48；A 的 ASCII 码值是 65；a 的 ASCII 码值是 97，故选项 A 的 ASCII 码值最小。

10. 答案：D。

试题解析：

汉字的机内码是在计算机内部对汉字进行存储、处理和传输的汉字代码，它应能满足存储、处理和传输的要求。

11. 答案：A。

试题解析：

本题考查的知识点是汉字的编码。

为避开 ASCII 码表中的控制码，将国家标准《信息交换用汉字编码字符集　基本集》（GB/T 2312—1980）中的 6 763 个汉字分为 94 行、94 列，代码表分为 94 个区（行）和 94 个位（列）。区位码由 4 位十进制数字组成，前两位为区号（行号），后两位为位号（列号），区位码最多可表示 94 × 94=8 836 个汉字。

在区位码中，01 ~ 09 区为特殊字符，10 ~ 55 区为一级汉字，56 ~ 87 区为二级汉字。选项 A（5601）位于第 56 行、第 01 列，属于汉字区位码的范围内，其他选项不在其中。

12. 答案：D。

试题解析：

a 的 ASCII 码值为 97，Z 的 ASCII 码值为 90，8 的 ASCII 码值为 56。

13. 答案：A。

试题解析：

八进制是用字符 0 到 7 来表示数值的方法。

14. 答案：C。

试题解析：

区位码输入法最大的优点是一字一码、无重码，最大的缺点是难以记忆。

15. 答案：A。

试题解析：

在 ASCII 码表中，按照 ASCII 码值，字符从小到大的排列顺序是：空格、数字、大写英文字母、小写英文字母。

16. 答案：D。

试题解析：

在非零无符号二进制整数之后添加一个 0，相当于向左移动了一位，也就是扩大为原来数的两倍。在一个非零无符号二进制整数之后去掉一个 0，相当于向右移动一位，也就是变为原数的 1/2，同理，去掉两个 0，相当于向右移动两位，也就是变为原数的 1/4。

17. 答案：C。

试题解析：

二进制是计算机使用的语言，十进制是自然语言。为了书写和检查方便，使用八进制或十六进制来表示，一个字长为 7 位的无符号二进制整数能表示的十进制整数的数值范围是 0 ~ 127。

18. 答案：C。

试题解析：

机内码是指汉字在计算机中的编码，汉字的机内码占两个字节，分别称为机内码的高位与低位，一个字节为 8 位，两个字节为 16 位。

19. 答案：A。

试题解析：

常用的存储容量单位有：字节（Byte）、千字节（KB）、兆字节（MB）、吉字节（GB）。它们之间的关系为：

1 字节（Byte）=8 位二进制位（bits）；

1 KB=1 024 B；

1 MB=1 024 KB；

1 GB=1 024 MB。

20. 答案：B。

试题解析：

ASCII 码本是二进制代码，而 ASCII 码表是按照十进制数的顺序排列的，包括英文小写字母、英文大写字母、各种标点符号及专用符号、功能符等。字母 K 的十六进制码值 4B 转化为二进制 ASCII 码值为 1001011，而 1001000=1001011−011（3），比字母 K 的 ASCII 码值小 3 的是字母 H，因此，二进制 ASCII 码 1001000 对应的字符是 H。

21. 答案：C。

试题解析：

20 GB=20 × 1 024 MB=20 × 1 024 × 1 024 KB=20 × 1 024 × 1 024 × 1 024 B=21 474 836 480 B，所以 20 GB 的硬盘表示容量约为 200 亿个字节。

22. 答案：C。

试题解析：

a 的 ASCII 码值是 97，A 的 ASCII 码值是 65，空格的 ASCII 码值是 32，故 a>A>空格。

23. 答案：A。

试题解析：

数制也称计数制，是指用同一组固定的字符和统一的规则来表示数值的方法。十进制（自然语言中）数通常用 0 ~ 9 来表示，二进制（计算机中）数用 0 和 1 表示，八进制数用 0 ~ 7 表示，十六进制数用 0 ~ F 表示。

（1）十进制整数转换成二进制（八进制、十六进制）整数的方法：用十进制整数除以 2（8、16），第一次得到的余数为最低有效位，最后一次得到的余数为最高有效位。

（2）二（八、十六）进制整数转换成十进制整数的方法：将二（八、十六）进制整数按权展开，求累加和便可得到相应的十进制整数。

（3）二进制数与八进制数之间的转换方法：3 位二进制数可转换为 1 位八进制数，1 位八进制数可转换为 3 位二进制数。

二进制数与十六进制数之间的转换方法：4 位二进制数可转换为 1 位十六进制数，1 位十六进制数可转换为 4 位二进制数。

因此：121/2=60……1

60/2=30……0

30/2=15……0

15/2=7……1

7/2=3……1

3/2=1……1

1/2=0……1

所以，转换后的无符号二进制整数是 1111001。

24. 答案：A。

试题解析：

字长是指计算机部件一次能同时处理的二进制数据的位数。目前普遍使用的 Intel 和 AMD 微处理器的计算机大多支持 32 位字长，也有支持 64 位的，这意味着该类型的机器可以并行处理 32 位或 64 位二进制数的算术运算和逻辑运算。

25. 答案：B。

试题解析：

29/2=14……1

14/2=7……0

7/2=3……1

3/2=……1

1/2=0……1

所以，转换后的二进制数为 11101。

26. 答案：B。

试题解析：

ASCII 码本是二进制代码，而 ASCII 码表是按照十进制数的顺序排列的，包括英文小写字母、英文大写字母、各种标点符号及专用符号、功能符等。英文字母 A 的 ASCII 码值是 65。

27. 答案：A。

试题解析：

32/2=16……0

16/2=8……0

8/2=4……0

4/2=2……0

2/2=1……0

1/2=0……1

所以，转换后的二进制整数为 100000。

28. 答案：A。

试题解析：

60/2=30……0

30/2=15……0

15/2=7……1

7/2=3……1

3/2=1……1

1/2=0……1

所以，转换后的二进制整数为 111100。

29. 答案：B。

试题解析：

59/2=29……1

29/2=14……1

14/2=7……0

7/2=3……1

3/2=1……1

1/2=0……1

所以，转换后的二进制数为 111011。

30. 答案：C。

试题解析：

非十进制数转换成十进制数的方法是把非十进制数按权展开求和即可。即把二进制数写成 2 的各次幂之和的形式，然后计算其结果。所以，$1\times2^5+1\times2^4+1\times2^3+1\times2^2+1\times2^1+1\times2^0=63$。

31. 答案：A。

试题解析：

ASCII 码是美国信息交换标准代码，用 7 位二进制数来表示一个字符的编码。

32. 答案：B。

试题解析：

ASCII 码本是二进制代码，而 ASCII 码表是按照十进制数的顺序排列的，包括英文小写字母、英文大写字母、各种标点符号及专用符号、功能符等。字符 D 的 ASCII 码是 01000001+11（3）=01000100。

33. 答案：C。

试题解析：

在标准 ASCII 编码表中，数字、大写英文字母、小写英文字母码值依次增加。

34. 答案：D。

试题解析：

CPU 是指中央处理器，主要包括运算器和控制器两大部件，它是计算机的核心部件。

35. 答案：B。

试题解析：

在计算机软件中最重要且最基本的就是操作系统（OS），它是最底层的软件，它控制所有计算机运行的程序并管理整个计算机的资源，是计算机裸机与应用程序及用户之间的桥梁。若没有它，用户就无法使用各种软件或程序。

36. 答案：B。

试题解析：

标准的汉字编码表有 94 行、94 列，其行号称为区号，列号称为位号。双字节中，用高字节表示区号，低字节表示位号。在区位码中，01～09 区为特殊字符，10～55 区为一级汉字，56 ~ 87 区为二级汉字。

37. 答案：D。

试题解析：

现有的汉字编码已有四五百种之多，主要可分为形码、声码和形声码。五笔字型输入法的编码是形码，它把汉字分解为若干字根，分别由字母代表；声码则是根据汉语拼音制作的编码，如双拼输入法；形声码是把形码和声码的特点结合起来，将字根转换成拼音进行编码，兼有两者的优长。

38. 答案：B。

试题解析：

存储在计算机内的汉字要在屏幕或打印机上显示、输出时，汉字的机内码并不能作为每个汉字的字形信息输出。需要显示汉字时，根据汉字的机内码向字模库检索出该汉字的字形信息输出。

39. 答案：A。

试题解析：

汉字的机内码是将国标码的两个字节的最高位分别置为 1 得到的。一个汉字的机内码与其国标码之差是 8080H，则 5E38H+8080H=DEB8H。

区位码、国标码与机内码的转换方法：（1）先将区位码转换成十六进制数表示；（2）区位码的十六进制表示 +2020H= 国标码；（3）国标码 +8080H= 机内码。

40. 答案：A。

试题解析：

数制也称计数制，是指用同一组固定的字符和统一的规则来表示数值的方法。十进制（自然语言中）数通常用 0 ~ 9 来表示，二进制（计算机中）数用 0 和 1 表示，八进制数用 0 ~ 7 表示，十六进制数用 0 ~ F 表示。

（1）十进制整数转换成二进制（八进制、十六进制）整数的方法：用十进制整数除以 2（8、16），第一次得到的余数为最低有效位，最后一次得到的余数为最高有效位。

（2）二（八、十六）进制整数转换成十进制整数的方法：将二（八、十六）进制整数按权展开，求累加和便可得到相应的十进制整数。

（3）二进制数与八进制数之间的转换方法：3 位二进制数可转换为 1 位八进制数，1 位八进制数可转换为 3 位二进制数。

二进制数与十六进制数之间的转换方法：4 位二进制数可转换为 1 位十六进制数，1 位十六进制数可转换为 4 位二进制数。

例如，同样的十进制数 15，当基数 R 为 10 时，位数为 2 位，即 1 和 5；当基数 R 为 16 时，位数为 1 位，即 F。由此推算选项 A 正确。

41. 答案：D。

试题解析：

在 ASCII 码表中，ASCII 码值从小到大的排列顺序是：数字、大写英文字母、小写英文字母。

42. 答案：C。

试题解析：

做此种类型的题时可以把不同的进制数转换为同一进制数来进行比较，由于十进制数是自然语言的表示方法，大多数情况下把不同的进制数转换为十进制数，就本题而言，选项 A 可以根据二进制数转换成十进制数的方法进行转换，即 $1\times2^7+1\times2^6+0\times2^5+1\times2^4+1\times2^3+0\times2^2+0\times2^1+1\times2^0=217$；选项 C 可以根据八进制数转换成二进制数、再由二进制数转换成十进制数的方法，也可以根据八进制数直接转换成十进制数的方法，即 $3\times8^1+7\times8^0=31$；同理，十六进制数也可用同样的两种方法进行转换，即 $2\times16^1+A\times16^0=42$，从而比较 217>75>42>31，最小的一个数为 37（八进制）。

43. 答案：B。

试题解析：

16×16 点阵表示在一个 16×16 的网格中用点描出一个汉字，整个网格分为 16 行 16 列，每个小格用一位二进制编码表示，从上到下，每一行需要 16 个二进制位，占两个字节，故用 16×16 点阵描述整个汉字的字形需要 32 个字节的存储空间。

课题二　计算机中的信息、指令、计算机语言及程序

1. 答案：B。

试题解析：

计算机硬件只能直接识别、执行机器语言。

2. 答案：A。

试题解析：

程序设计语言通常分为机器语言、汇编语言和高级语言三类。机器语言是计算机唯一能够识别并直接执行的语言。必须用翻译的方法把高级语言源程序翻译成等价的机器语言程序才能在计算机上执行。目前流行的高级语言有 C、C++、Visual Basic 等。汇编语言是一种介于低级程序设计语言与高级程序设计语言之间的语言，且执行效率高。

3. 答案：D。

试题解析：

所谓高级语言是指一种用表达各种意义的“词”和“数学公式”按照一定的“语法规则”编写程序的语言。高级语言的使用大大提高了编写程序的效率，改善了程序的可读性。机器语言是计算机唯一能够识别并直接执行的语言。机器语言中每条指令都是一串二进制代码，因此，其可读性差、不易记忆；编写程序既难又繁，容易出错；程序的调试和修改难度也很大。汇编语言不再使用难以记忆的二进制代码，而是使用比较容易识别、记忆的助记符号。汇编语言和机器语言的性质差不多，只是在表示方法上有所改进。

4. 答案：A。

试题解析：

计算机能直接识别、执行用机器语言编写的程序，所以选项 B 错误。用机器语言编写的程序执行效率是所有语言中最高的，所以选项 C 错误。由于每台计算机的指令系统往往各不相同，所以，在一台计算机上执行的程序，要想在另一台计算机上执行，必须另编程序，不同型号的 CPU 不能使用相同的机器语言，所以选项 D 错误。

5. 答案：C。

试题解析：

用高级程序设计语言编写的程序称为源程序，源程序不可直接运行。要在计算机上使用高级语言，必须先经过编译，把用高级语言编写的程序翻译成机器指令程序，经过链接装配，把经编译程序产生的目标程序变成可执行的机器语言程序，这样才能使用该高级语言。

6. 答案：B。

试题解析：

采样频率又称为采样速度或者采样率，定义了每秒从连续信号中提取并组成离散信号的采样个数，用赫兹（Hz）表示。采样频率越高，即采样的间隔时间越短，则在单位时间内计算机得到的声音样本数据就越多，对声音波形的表示也越精确。

7. 答案：B。

试题解析：

解释程序是高级语言翻译程序的一种，它将源语言（如 Visual Basic）书写的源程序作为输入，每解释一句就提交计算机执行一句，并不形成目标程序。

8. 答案：B。

试题解析：

由于汇编语言中使用了助记符号，用汇编语言编写的程序输入计算机，计算机不能像用机器语言编写的程序一样直接识别和执行，必须通过预先放入计算机的“汇编程序”进行加工和翻译，才能转换成能够被计算机直接识别和处理的二进制代码程序，选项 A 错。对于不同型号的计算机，有着不同结构的汇编语言。因此汇编语言与 CPU 型号相关，但高级语言与 CPU 型号无关，选项 B 正确。高级语言大大提高了编写程序的效率，改善了程序的可读性，选项 C 错。用汇编语言编写复杂程序时，相对高级语言代码量较大，而且汇编语言依赖于具体的处理器体系结构，不能通用，因此不能直接在不同处理器体系结构之间移植，选项 D 错。

9. 答案：C。

试题解析：

数字图像保存在存储器中时，其数据文件的格式繁多，计算机上常用的有：JPEG 格式、BMP 格式、GIF 格式、TIFF 格式、PNG 格式。以 .jpg 为扩展名的文件为 JPEG 格式图像文件。

10. 答案：A。

试题解析：

音频信号数字化是把模拟信号转换成数字信号，此过程称为 A/D 转换（模 / 数转换），它主要包括：（1）采样：在时间轴上对信号数字化；（2）量化：在幅度轴上对信号数字化；（3）编码：按一定格式记录采样和量化后的数字数据。实现音频信号数字化最核心的硬件电路是 A/D 转换器。

11. 答案：C。

试题解析：

计算机病毒是一种特殊的具有破坏性的恶意计算机程序，它具有自我复制能力，可通过非授权入侵而隐藏在可执行程序或数据文件中。当计算机运行时，源病毒能把自身精确复制或者有修改地复制到其他程序体内，影响和破坏正常程序的执行和数据的正确性。

12. 答案：D。

试题解析：

通常一条计算机指令包括两方面的内容：操作码和操作数。操作码决定要完成的操作，操作数指参加运算的数据及其所在的单元地址。

13. 答案：D。

试题解析：

一台计算机可以安装多个操作系统，安装时需要先安装低版本，再安装高版本。

14. 答案：C。

试题解析：

计算机能直接识别并执行用机器语言编写的程序，且用机器语言编写的程序执行效率最高。

15. 答案：A。

试题解析：

用机器语言编写的程序执行效率最高，用高级语言编写的程序可读性最好，用高级语言编写的程序（如 Java）可移植性好。

16. 答案：A。

试题解析：

常见的网页开发语言有：HTML、ASP、ASP.net、PHP、JSP。

17. 答案：D。

试题解析：

将高级语言源程序翻译成目标程序的程序称为编译程序。

18. 答案：A。

试题解析：

汇编语言是一种把机器语言“符号化”的语言，汇编语言的指令和机器语言的指令基本上一一对应。机器语言指令直接采用二进制代码，而汇编语言指令采用了助记符。高级语言具有严格的语法规则和语义规则，在语言表示和语义描述上，它更接近人类的自然语言（英语）和数学语言。因此与高级语言相比，用汇编语言编写的程序执行效率更高。

19. 答案：A。

试题解析：

汇编语言是面向机器的程序设计语言。在汇编语言中，用助记符代替操作码，用地址符号或标号代替操作数。

20. 答案：C。

试题解析：

将目标程序（.OBJ）转换成可执行文件（.EXE）的程序称为链接程序。

21. 答案：C。

试题解析：

与高级语言程序相比，汇编语言程序执行效率更高。机器语言程序可以直接在计算机硬件级上执行。对机器来讲，汇编语言是无法直接执行的，必须将用汇编语言编写的程序翻译成机器语言程序，机器才能执行。因此，汇编语言程序的执行效率比机器语言程序低。高级语言接近于自然语言，汇编语言的可移植性、可读性不如高级语言，但是相对于机器语言来说，汇编语言的可移植性、可读性要好一些。

22. 答案：B。

试题解析：

程序设计语言是人们用来与计算机交往的语言，分为机器语言、汇编语言与高级语言三类。计算机高级语言的种类有很多，目前常见的有 Pascal、C、C++、Visual Basic、Visual C、Java 等。

23. 答案：B。

试题解析：

一般认为，较典型的面向对象的程序设计语言有：Simula 67、Smalltalk、Eiffel、C++、Java、C#。

24. 答案：A。

试题解析：

高级语言是指一种用表达各种意义的“词”和“数学公式”按照一定的“语法规则”编写程序的语言。高级语言的使用大大提高了编写程序的效率、改善了程序的可读性。高级语言主要是相对于汇编语言而言的，它是较接近自然语言和数学公式的语言，基本脱离了机器的硬件系统，用人们更易理解的方式编写程序。用高级语言编写的源程序在计算机中是不能直接执行的，必须翻译成机器语言程序才能执行。

25. 答案：C。

试题解析：

由于机器语言程序可以直接由计算机执行，所以效率比较高，能充分发挥计算机高速计算的能力。用汇编语言编写程序与用机器语言相比，除较直观和易记忆外，仍然存在工作量大、面向机器、无通用性等缺点，所以一般称汇编语言为“低级语言”，它仍然依赖于具体的机器。用高级语言编写程序可简化程序编制和测试，其通用性和可移植性好。

26. 答案：D。

试题解析：

用汇编语言编写程序与用机器语言相比，除较直观和易记忆外，仍然存在工作量大、面向机器、无通用性等缺点，所以一般称汇编语言为“低级语言”，它仍然依赖于具体的机器。

27. 答案：B。

试题解析：

在计算机中，指挥计算机完成某个基本操作的命令称为指令。所有的指令集合称为指令系统，直接用二进制代码表示指令系统的语言称为机器语言。

28. 答案：D。

试题解析：

编译方式是将源程序经编译、链接得到可执行文件后，就可脱离源程序和编译程序而单独执行此文件，所以编译方式的效率高、执行速度快；而解释方式在执行时，源程序和解释程序必须同时参与才能运行，由于不产生目标文件和可执行程序文件，解释方式的效率相对较低、执行速度较慢，故选项 A 错。与高级语言程序相比，汇编语言程序执行效率更高，故选项 B 错。与机器语言相比，汇编语言更容易理解、便于记忆，故选项 C 错。

29. 答案：D。

试题解析：

将汇编语言源程序翻译成目标程序的程序称为汇编程序。

30. 答案：C。

试题解析：

面向对象的程序设计语言属于高级程序设计语言。

31. 答案：B。

试题解析：

用高级程序设计语言编写的程序称为源程序，源程序不可直接运行。要在计算机上使用高级语言，必须先经过编译，把用高级语言编制的程序翻译成机器指令程序，再经过链接装配，把经编译程序产生的目标程序转变成可执行的机器语言程序，这样才能使用该高级语言。目前流行的高级语言有 C、C++、Visual Basic 等。

32. 答案：B。

试题解析：

控制器用以控制和协调计算机各部件自动、连续地执行各条指令。

33. 答案：B。

试题解析：

在计算机中，操作系统的功能是管理、控制和监督计算机软件、硬件资源协调运行。它是直接运行在计算机硬件上最基本的系统软件，是系统软件的核心。Android 是一种以 Linux 为基础的开放源代码操作系统，主要用于便携设备。因此，对于便携设备来说，Android 属于系统软件。

34. 答案：D。

试题解析：

计算机网络系统具有丰富的功能，其中最主要的功能是资源共享和快速通信。

课题三　微型计算机系统

1. 答案：B。

试题解析：

ROM 的意思是只能读出而不能随意写入信息的存储器，所以 CD-ROM 就是只读光盘存储器。

2. 答案：D。

试题解析：

激光打印机属于非击打式打印机，其优点是无噪声、打印速度快、打印质量最好，缺点是设备价格高、耗材贵，打印成本在打印机中最高。

3. 答案：A。

试题解析：

CPU 的性能指标直接决定了由它构成的微型计算机系统的性能指标。CPU 的性能指标主要包括字长和时钟频率，字长是指计算机运算部件一次能同时处理的二进制数据的位数。

4. 答案：C。

试题解析：

总线是系统部件之间传送信息的公共通道，各部件由总线连接并通过它传递数据和控制信号。总线分为内部总线和系统总线，系统总线又分为数据总线、地址总线和控制总线。

5. 答案：B。

试题解析：

软件系统可以分为系统软件和应用软件两大类。系统软件由一组控制计算机系统并管理其资源的程序组成，其主要功能包括：启动计算机，存储、加载和执行应用程序，对文件进行排序、检索，将程序语言翻译为机器语言等。操作系统是直接运行在“裸机”上最基本的系统软件。本题中 Linux、Unix 和 Windows XP 都属于操作系统，而其余选项都属于计算机的应用软件。

6. 答案：B。

试题解析：

计算机硬件系统由主机和外部设备组成。主机的结构部件为中央处理器和内存储器。外部设备的结构部件为外部存储器、输入设备、输出设备和其他设备。

7. 答案：B。

试题解析：

调制解调器的主要技术指标是数据传输速率，现有 14.4 Kbps、28.8 Kbps、33.6 Kbps、56 Kbps 几种，数值越高，传输速度越快。

8. 答案：D。

试题解析：

硬盘虽然安装在机箱内，但是它与光盘驱动器、软盘等都属于外部存储设备，不是主机的组成部分。主机主要由 CPU 和内存组成。

9. 答案：D。

试题解析：

MS Office 是微软公司开发的办公自动化软件，我们所使用的 Word、Excel、PowerPoint、Outlook 等应用软件都是 Office 中的组件，它不是操作系统。

10. 答案：C。

试题解析：

分时操作系统：不同用户通过各自的终端以交互方式共用一台计算机，计算机以“分时”的方法轮流为每个用户服务。分时操作系统的特点：多个用户同时使用计算机的同时性、人机问答的交互性、每个用户独立使用计算机的独占性以及系统响应的及时性。

11. 答案：A。

试题解析：

Windows 操作系统是一个单用户多任务操作系统，经过十几年的发展，已从 Windows 3.1 发展到目前的 Windows NT、Windows 2000 和 Windows XP。

12. 答案：B。

试题解析：

指令系统也称机器语言，每条指令都对应一串二进制代码。

13. 答案：B。

试题解析：

计算机病毒是人为编制的一组具有自我复制能力的、特殊的计算机程序，它主要感染扩展名为 COM、EXE、DRV、BIN、OVL、SYS 等可执行文件，它能通过移动存储介质中文档的复制、e-mail 中 Word 文档附件的下载等途径蔓延。

14. 答案：D。

试题解析：

一个完整的计算机系统包括硬件和软件系统。

15. 答案：B。

试题解析：

硬盘通常用来作为大型机、服务器和微型机的外部存储器。

16. 答案：C。

试题解析：

一条指令必须包括操作码和地址码（又称操作数）两部分。

17. 答案：A。

试题解析：

USB1.1 标准接口的数据传输速率为 12 Mbps，而 USB2.0 标准接口的数据传输速率为 480 Mbps。USB 接口即插即用，当前的计算机都配有 USB 接口，在 Windows 操作系统下，无须驱动程序，可以直接热插拔。

18. 答案：B。

试题解析：

显示器的主要性能指标为像素的点距、分辨率与显示器的尺寸。

19. 答案：A。

试题解析：

RAM 分为静态 RAM（SRAM）和动态 RAM（DRAM）两大类，静态 RAM 集成度低、价格高，但存取速度快；动态 RAM 集成度高、价格低，但其由于要周期性地刷新，所以存取速度较静态 RAM 慢。

20. 答案：A。

试题解析：

计算机软件是指运行在计算机硬件上的程序、运行程序所需的数据和相关文档的总称。

21. 答案：B。

试题解析：

用高级程序设计语言编写的程序具有可读性和可移植性，基本上不做修改就能用于各种型号的计算机和各种操作系统。对源程序而言，经过编译、链接成可执行文件，就可以直接在本机运行该程序。

22. 答案：C。

试题解析：

计算机操作系统的五大功能包括：处理器管理、存储管理、文件管理、设备管理和作业管理。

23. 答案：D。

试题解析：

机器语言和汇编语言都是“低级”语言，而高级语言是一种用表达各种意义的“词”和“数学公式”按照一定的“语法规则”编写程序的语言，如 C、C++、Visual Basic、FORTRAN 等，其中 FORTRAN 语言是世界上最早出现的计算机高级程序设计语言。

24. 答案：D。

试题解析：

存储器的容量单位从小到大为：Byte、KB、MB、GB。

25. 答案：C。

试题解析：

CPU 又称中央处理器，主要包括运算器和控制器两大部件，它是计算机的核心部件。

26. 答案：C。

试题解析：

用高级语言编写的程序具有可读性和可移植性，基本上不做修改就能用于各种型号的计算机和各种操作系统，故选项 A 错。机器语言可以直接在计算机上运行，汇编语言需要经过汇编语言程序转换为可执行的机器语言后，才能在计算机上运行，故选项 B 错。机器语言中每条指令都是一串二进制代码，因此可读性差、不容易记忆、编写程序复杂、容易出错，故选项 D 错。

27. 答案：A。

试题解析：

反病毒软件是因病毒的产生而产生的，所以反病毒软件必须随着新病毒的出现而升级，提高查杀病毒的能力。反病毒软件是针对已知病毒而言的，不可以查杀任何种类的病毒，故选项 A 错。

28. 答案：B。

试题解析：

CPU 包括运算器和控制器两大部件，可以直接访问内存储器，而硬盘属于外存储器，故 CPU 不能直接读取其上的数据。存储程序和数据的部件是存储器。

29. 答案：C。

试题解析：

打印机、显示器和绘图仪属于计算机输出设备，只有鼠标器属于计算机输入设备。

30. 答案：A。

试题解析：

显示器的主要性能指标是像素的点距、分辨率和显示器的尺寸。

31. 答案：A。

试题解析：

RAM 用于存放当前使用的程序、数据、中间结果和与外存交换的数据。

32. 答案：B。

试题解析：

运算器的功能是对数据进行算术运算或逻辑运算。

33. 答案：A。

试题解析：

盘片两面均被划分为80个同心圆，一个同心圆称为一条磁道，磁道的编号是最外面为0磁道，最里面为79磁道。每个磁道分为等长的18段，段又称为扇区，每个扇区可以记录512个字节。磁盘上所有信息的读写都以扇区为单位进行。

34. 答案：D。

试题解析：

计算机病毒是一种通过自我复制进行传染的、破坏计算机程序和数据的小程序。在计算机运行过程中，它们能把自己精确复制或有修改地复制到其他程序或某些硬件中，从而起到破坏其他程序及某些硬件的作用。

35. 答案：C。

试题解析：

鼠标器、键盘、扫描仪、条码阅读器属于输入设备，打印机、显示器、绘图仪属于输出设备，CD-ROM驱动器、硬盘属于存储设备。

36. 答案：B。

试题解析：

常用的计算机系统的技术指标为运算速度、主频（CPU内核工作的时钟频率）、字长、存储容量和数据传输速率。

37. 答案：C。

试题解析：

服务器：在局域网中，一种运行管理软件用以控制对网络或网络资源（磁盘驱动器、打印机等）进行访问的计算机，并能够为在网络上的计算机提供资源使其犹如工作站一样地进行操作。

工作站：是指一种以个人计算机和分布式网络计算为基础，主要面向专业应用领域，具备强大的数据运算与图形、图像处理能力，为满足工程设计、动画制作、科学研究、软件开发、金融管理、信息服务、模拟仿真等专业领域而设计开发的高性能计算机。

网桥：一种在链路层实现中继，常用于连接两个或多个局域网的网络互连设备。

网关：在采用不同体系结构或协议的网络之间进行互通时，用于提供协议转换、路由选择、数据交换等网络兼容功能的设施。

38. 答案：C。

试题解析：

计算机硬件由运算器、存储器、控制器、输入设备、输出设备五大部件组成。通常将运算器和控制器合称为中央处理器。

39. 答案：B。

试题解析：

主频是指在计算机系统中控制微处理器运算速度的时钟频率，它在很大程度上决定了微处理器的运算速度。一般来说，主频越高，运算速度就越快。

40. 答案：C。

试题解析：

字长是指微处理器能够直接处理的二进制数的位数。一个字节由 8 位二进制位组成，因此 4 个字节由 32 位二进制位组成。计算机的字长是 4 个字节，即微处理器能够直接处理二进制数的位数为 32。

41. 答案：A。

试题解析：

CPU 是计算机的中央处理器，常用的计算机系统技术指标为运算速度、主频、字长、存储容量和数据传输速率。

42. 答案：B。

试题解析：

进程是操作系统中的一个核心概念，是程序的一次执行过程，是系统进行调度和资源分配的一个独立单位。线程是可以独立、并发执行的程序单元。

43. 答案：C。

试题解析：

MIPS 是“million instructions per second”的缩写，即每秒钟所能执行的机器指令的百万条数。

44. 答案：A。

试题解析：

进程是一个程序与其数据一起在计算机上顺利执行时所发生的活动，简单来说，就是一个正在执行的程序。一个程序被加载到内存，系统就创建了一个进程，程序执行结束后，该进程也就消亡了。

45. 答案：D。

试题解析：

一般来说，安全的系统会利用一些专门的安全特性来控制对信息的访问，只有经过适当授权的人，或者以这些人的名义进行的进程可以读、写、创建和删除这些信息。计算机安全是指计算机资产安全，即计算机信息系统资源和信息资源不受自然和人为有害因素的威胁和危害。

46. 答案：C。

试题解析：

计算机语言有高级程序设计语言和低级程序设计语言之分。高级程序设计语言主要是相对于汇编语言而言的，它是较接近自然语言和数学公式的编程，基本脱离了机器的硬件系统，用人们更易理解的方式编写程序。用高级程序设计语言编写的源程序在计算机中是不能直接执行的，必须翻译成机器语言后程序才能执行，所以执行效率不高。面向对象的程序设计语言属于高级程序设计语言，可移植性较好。

47. 答案：C。

试题解析：

由于机器语言程序直接在计算机上执行，所以效率比较高，能充分发挥计算机高速计算的能力。对机器来讲，汇编语言是无法直接执行的，必须经过将用汇编语言编写的程序翻译为机器语言程序，机器才能执行。用高级语言编写的源程序在计算机中是不能直接执行的，必须翻译成机器语言后程序才能执行。因此，执行效率最高的是用机器语言编写的程序。

48. 答案：B。

试题解析：

计算机软件分为系统软件和应用软件。

49. 答案：C。

试题解析：

JPEG 标准：第一个针对静态图像压缩的国际标准。

50. 答案：B。

试题解析：

GIF：供联机图形交换使用的一种图像文件格式，目前在网络通信中被广泛采用。

51. 答案：C。

试题解析：

计算机的主频是指 CPU 的时钟频率，它的高低一定程度上决定了计算机速度的高低。频率的单位有 Hz（赫兹）、kHz（千赫兹）、MHz（兆赫兹）、GHz（吉赫兹）。

52. 答案：C。

试题解析：

科学计算主要是使用计算机进行数学方法的实现和应用。如今，计算机“计算”

能力的提高加快了许多科学研究的进程，如著名的人类基因序列分析计划、人造卫星的轨道测算、天气预报等。

53. 答案：B。

试题解析：

存储器分为内存和外存，内存就是 CPU 能由地址线直接寻址的存储器，它又分为 RAM 和 ROM 两种，RAM 是可读可写的存储器，用于存放经常变化的程序和数据，只要一断电，RAM 中的程序和数据就会丢失；ROM 是只读存储器，即使断电，ROM 中的程序和数据也不会丢失。

54. 答案：C。

试题解析：

内存中存放当前运行的程序和程序所用的数据，属于临时存储器；外存属于永久性存储器，存放暂时不用的数据和程序。

55. 答案：C。

试题解析：

RAM 也称为临时存储器。RAM 中存储当前使用的程序、数据、中间结果和与外存交换的数据，CPU 根据需要可以直接读写 RAM 中的内容。RAM 有两个主要的特点，一是其中的信息可以随时读出或写入，当写入时，原来存储的数据将被冲掉；二是加电使用时其中的信息会完好无缺，但是一旦断电（关机或意外掉电），RAM 中存储的数据就会消失，而且无法恢复。

56. 答案：A。

试题解析：

本题考查的知识点是计算机语言。编译程序把用高级语言编写的源程序转换为机器语言程序，即目标程序。源程序经过编译生成目标文件，然后经过链接程序产生可执行程序。汇编语言是编译型语言，Intel 架构的计算机指令向下兼容，不同的高级语言在运行机制上有所不同，效率不能一概而论。

57. 答案：C。

试题解析：

计算机的结构部件为运算器、控制器、存储器、输入设备和输出设备。运算器、控制器、存储器是构成主机的主要部件，运算器和控制器又合称为 CPU。

58. 答案：B。

试题解析：

不间断电源（UPS）总是直接从电池向计算机供电，当停电时，文件服务器可使用

UPS 提供的电源继续工作，UPS 中包含一个变流器，可以将电池中的直流电转换成正弦交流电供计算机使用。

59. 答案：C。

试题解析：

中央处理器（CPU）主要包括运算器和控制器两大部件，它是计算机的核心部件。CPU 是一个体积不大而元件的集成度非常高、功能强大的芯片。计算机的所有操作都受 CPU 控制，所以它的品质直接影响整个计算机系统的性能。

60. 答案：A。

试题解析：

磁道从外向内依次编号，最外圈的磁道是 0 磁道。

61. 答案：A。

试题解析：

内存储器分为随机存取存储器和只读存储器。其中，随机存取存储器又可分为静态 RAM（SRAM）和动态 RAM（DRAM）。

课题四　电子计算机的发展

1. 答案：C。

试题解析：

第一代为电子管计算机，其主要特点是采用电子管作为基本元器件。第二代为晶体管计算机，其主要采用晶体管作为基本元器件，体积缩小、功耗降低，提高了速度和可靠性。第三代为集成电路计算机，其采用集成电路作为基本元器件，体积缩小，功耗、价格等进一步降低，而速度及可靠性有较大的提高。第四代为大规模和超大规模集成电路计算机。

2. 答案：B。

试题解析：

1946 年 2 月 14 日，第一台电子计算机 ENIAC 在美国宾夕法尼亚大学诞生了。

3. 答案：B。

试题解析：

1946年2月14日，第一台电子计算机ENIAC在美国宾夕法尼亚大学诞生了。

4. 答案：C。

试题解析：

计算机安全设置包括：（1）物理安全；（2）禁用Guest账号；（3）限制不必要的用户数量；（4）创建两个Administrator账号；（5）把系统Administrator账号改名；（6）修改共享文件的权限；（7）使用安全密码；（8）设置屏幕保护密码；（9）使用NTFS格式分区；（10）运行防毒软件；（11）保障备份盘的安全；（12）查看本地共享资源；（13）删除共享；（14）删除ipc$空连接；（15）关闭139端口；（16）防止RPC漏洞；（17）关闭445端口；（18）关闭3389端口；（19）防范4899端口；（20）禁用服务。

5. 答案：B。

试题解析：

世界上第一台电子计算机ENIAC是1946年在美国诞生的，它主要采用电子管和继电器，主要用于弹道计算。

6. 答案：B。

试题解析：

目前计算机中广泛采用的电子元器件为大规模和超大规模集成电路。电子管是第一代计算机所采用的逻辑元件（1946—1958年）。晶体管是第二代计算机所采用的逻辑元件（1959—1964年）。小、中规模集成电路是第三代计算机所采用的逻辑元件（1965—1971年）。大规模和超大规模集成电路是第四代计算机所采用的逻辑元件（1971年至今）。

课题五　计算机网络

1. 答案：B。

试题解析：

在计算机中通常使用三个数据单位：位、字节和字。位是最小的存储单位，英文名称是 bit，通常用 b 或 bit 表示。字节是 8 位二进制数，作为表示字符和数字的基本单元，英文名称是 Byte，通常用 B 表示。

1 B（字节）=8 bits（位）

1 KB（千字节）=1 024 B（字节）

字长也称为字或计算机字，它是计算机能并行处理的二进制数的位数。

2. 答案：B。

试题解析：

ADSL 是非对称数字用户线路；ISP 是因特网服务提供商；TCP 是传输控制协议。

3. 答案：C。

试题解析：

电子邮件（e-mail）是因特网上使用广泛的一种服务。类似于普通邮件的传递方式，电子邮件采用存储转发方式传递，根据电子邮件地址，由网上多个主机合作实现存储转发，从发信源节点出发，经过路径上若干个网络节点的存储和转发，最终传送到目的信箱。只要“电子信箱”地址正确，则可通过任何一台可联网的计算机收发电子邮件。在一台计算机上申请的“电子信箱”可以在任意一台联网计算机上收信。

4. 答案：B。

试题解析：

因特网是通过路由器或网关将不同类型的物联网互联在一起的虚拟网络。它采用 TCP/IP 控制各网络之间的数据传输，采用分组交换技术传输数据。

TCP/IP 是用于计算机通信的一组协议。TCP/IP 由网络接口层、网络层、传输层、应用层四个层次组成。其中，网络接口层是最底层，包括各种硬件协议，面向硬件；应用层面向用户，提供一组常用的应用程序，如电子邮件、文件传送等。

5. 答案：D。

试题解析：

IE 的收藏夹提供保存 Web 页面地址的功能，它有两个优点，一是收入收藏夹的网页地址可由浏览者给定一个简明的名字以便记忆，当鼠标指针指向此名字时，会同时显示对应的 Web 页面地址，单击该名字便可转到相应的 Web 页面，省去了键入地址的操作；二是收藏夹的机理很像资源管理器，其管理、操作都很方便。

6. 答案：D。

试题解析：

在数字信道中，以数据传输速率（比特率）表示信道的传输能力，即每秒传输的二进制位数，单位为 bps、Kbps、Mbps 和 Gbps。

7. 答案：C。

试题解析：

电子邮件（e-mail）服务是 Internet 所有信息服务中用户最多和接触面最广泛的一类服务。电子邮件不仅可以到达那些直接与 Internet 连接的用户以及通过电话拨号可以进入 Internet 节点的用户，还可以用来同一些商业网（如 CompuServe、America Online）以及世界范围的其他计算机网络（如 Bitnet）上的用户通信联系。

8. 答案：D。

试题解析：

电子邮件地址一般由用户名、主机名和域名组成，如 Xiyinliu@public1.tpt.tj.cn，其中，@ 前面是用户名，@ 后面依次是主机名、机构名、机构性质代码和国家代码。

9. 答案：D。

试题解析：

调制解调器是实现数字信号和模拟信号转换的设备。例如，当个人计算机通过电话线路连入 Internet 时，发送方的计算机发出的数字信号，要通过调制解调器转换成模拟信号在电话网上传输，接收方的计算机则要通过调制解调器，将传输过来的模拟信号转换成数字信号。

10. 答案：D。

试题解析：

电子邮件首先被发送到收件人的邮件服务器，存放在属于收件人的电子邮箱里。所有的邮件服务器都是 24 小时工作，随时可以接收或发送邮件，发件人可以随时上网发送邮件，收件人也可以随时连接 Internet，打开自己的邮箱阅读邮件。

11. 答案：C。

试题解析：

计算机网络系统具有丰富的功能，其中最主要的功能是资源共享和快速通信。

12. 答案：B。

试题解析：

写邮件时，除了要填写发件人地址，另一项必须填写的是收件人地址。

13. 答案：D。

试题解析：

计算机病毒可以通过有病毒的存储装置传播，还可以通过网络进行传播。

14. 答案：B。

试题解析：

使用计算机读写 U 盘时可能感染病毒，所以最好不使用来历不明的 U 盘。

15. 答案：B。

试题解析：

计算机网络中常用的传输介质有双绞线、同轴电缆和光纤。在这三种传输介质中，双绞线适用的地理范围最小，抗干扰程度最低；同轴电缆适用的地理范围中等，抗干扰程度中等；光纤的性能最好，不容易受电磁干扰或噪声影响，传输速率最高。

16. 答案：B。

试题解析：

以太网是最常用的一种局域网，网络中所有节点都通过以太网卡和双绞线（或光纤）连接到网络中，实现相互通信，其拓扑结构为总线型。

17. 答案：C。

试题解析：

用于查看、浏览和下载网页的软件是 Web 浏览器，如微软公司的 Internet Explorer。安装了浏览器软件的用户，可以通过单击“超链接”按钮来浏览网页，在网页之间实现跳转。

18. 答案：C。

试题解析：

邮件服务器是电子邮件系统的核心构件。因此，电子邮箱通常建在某个邮件服务器上。

19. 答案：B。

试题解析：

整个互联网是一个庞大的计算机网络。为了实现互联网中计算机的相互通信，网络中的每一台计算机（也称主机）必须有唯一的标识，该标识称为 IP 地址。

20. 答案：A。

试题解析：

冯·诺伊曼在研制电子计算机 EDVAC 时，主要在两方面有重大改进，一是把十进制改成二进制，充分发挥电子元器件高速运算的优越性；二是把程序和数据一起存储在计算机内，让计算机自动执行。

21. 答案：C。

试题解析：

冯·诺伊曼在研制电子计算机 EDVAC 时才提出存储程序并自动执行。

22. 答案：D。

试题解析：

根据所采用的电子元器件，可将计算机分为四代，其采用的电子元器件分别为：第一代是电子管，第二代是晶体管，第三代是小规模和中规模集成电路，第四代是大规模和超大规模集成电路。

23. 答案：C。

试题解析：

IP 地址是给每个连接在 Internet 上的主机分配的一个 32 位地址。IP 地址的长度为 32 位，分为 4 组，每组 8 位，用十进制数字表示每组数字的取值范围为 0 ~ 255。

24. 答案：D。

试题解析：

超文本传输协议（HTTP）是一种通信协议，它允许将超文本标记语言（HTML）文档从 Web 服务器传送到 Web 浏览器。

25. 答案：C。

试题解析：

电子商务是基于因特网的一种新的商业模式，其特征是在因特网上商务活动以数字化电子方式完成。

26. 答案：A。

试题解析：

FTP（file transfer protocol）即文件传输协议，主要用于 Internet 上文件的双向传输。

27. 答案：A。

试题解析：

超文本传输协议（HTTP）是浏览器与 WWW 服务器之间的传输协议，它建立在 TCP 基础之上，是一种面向对象的协议。

28. 答案：C。

试题解析：

Internet 的主要应用有通信服务、发布与获取信息等。可以利用电子邮件、网络电话、视频会议、电子公告牌和聊天功能交流信息，相互通信；可以通过 Internet 新闻组、搜索引擎和各种检索信息库随时获取各个方面的信息。计算机网络是由多个互连的节点组成的，节点之间要做到有条不紊地交换数据，每个节点都必须遵守事先约定好的规则。这些规则、约定或标准被称为网络协议。

29. 答案：C。

试题解析：

Internet 始于 1969 年美国的 ARPANET 计算机网络系统计划，其目的是将各地不同的主机以一种对等的通信方式连接起来，最初只有四台主机。此后，大量的网络、主机与用户接入 ARPANET，很多地方性网络也接入其中，于是这个网络逐步扩展到其他国家和地区。

30. 答案：C。

试题解析：

要在 Web 浏览器中查看某一电子商务公司的主页，需要先在 Web 浏览器的地址栏中输入该公司的 WWW 地址，再按回车键打开该公司网页。

31. 答案：C。

试题解析：

Internet 环境中的防火墙建立在内部网络与外部网络的交叉点。防火墙技术是通过有机结合各类用于安全管理与筛选的软件和硬件设备，帮助计算机网络在其内、外网之间构建一道相对隔绝的保护屏障，以保护用户资料与信息安全的一种技术。

32. 答案：A。

试题解析：

计算机病毒是一个程序、一段可执行代码，它使计算机无法正常使用，甚至导致整个操作系统或者硬盘损坏。

33. 答案：B。

试题解析：

通信技术能够扩展人的神经系统传递信息的功能。

34. 答案：B。

试题解析：

宏病毒不感染程序，只感染 Microsoft Word 文档文件（DOC）和模板文件（DOT），与操作系统没有特别的关联。

35. 答案：C。

试题解析：

防火墙的缺陷包括：（1）防火墙无法阻止绕过防火墙的攻击；（2）防火墙无法阻止来自内部的威胁；（3）防火墙无法防止已感染病毒程序或文件的传输。

36. 答案：C。

试题解析：

防火墙是指为了增强机构内部网络的安全性而设置在不同网络或网络安全域之间的一系列部件的组合，它可以通过监测、限制、更改跨越防火墙的数据流，尽可能地对外部屏蔽网络内部的信息、结构和运行状况，以此来实现网络的安全防护。

37. 答案：D。

试题解析：

IPv4 中规定 IP 地址长度为 32 位，IPv6 采用 128 位地址长度。

38. 答案：C。

试题解析：

在总线型拓扑结构中，各个节点由一根总线相连，数据在总线上由一个节点传向另一个节点。

在环形拓扑结构中，各个节点通过中继器连接到一个闭合的环路上，环中的数据沿着一个方向传输，由目的节点接收。

在星形拓扑结构中，每个节点与中心节点连接，中心节点控制全网的通信，任何两个节点之间的通信都要通过中心节点。

在网状拓扑结构中，节点的连接是任意的，没有规律。

39. 答案：C。

试题解析：

程序设计语言通常分为机器语言、汇编语言、高级语言三种。

40. 答案：C。

试题解析：

计算机的主要性能指标是：字长、时钟频率、运算速度、存储容量和存取周期。

41. 答案：B。

试题解析：

从域名到 IP 地址或者从 IP 地址到域名的转换由 DNS 完成。

42. 答案：C。

试题解析：

广域网也称远程网，它所覆盖的地理范围从几十公里到几千公里。广域网的通信子网主要采用分组交换技术。

43. 答案：B。

试题解析：

无线移动网络相对于一般的无线网络和有线网络来说，可以提供随时随地的网络服务。

44. 答案：B。

试题解析：

千兆以太网的传输速率为 1 Gbps，1 Gbps=1 024 Mbps=1 024 × 1 024 Kbps=1 024 × 1 024 × 1 024 bps ≈ 1 000 000 000 位 / 秒。

45. 答案：C。

试题解析：

计算机网络是指分布在不同地理位置上的具有独立功能的多个计算机系统，通过通信设备和通信线路相互连接起来，在网络软件的管理下实现数据传输和资源共享的系统，是计算机网络技术和通信技术相结合的产物。

46. 答案：B。

试题解析：

Wi-Fi 是一种可以将个人电脑、手持设备（如 PDA、手机）等终端以无线方式互相连接的技术。

电话拨号接入即调制解调器拨号接入，是指将已有的电话线路，通过安装在计算机上的调制解调器拨号连接到互联网服务提供商（ISP）从而享受互联网服务的一种上网接入方式。

目前，用电话线接入因特网的主流技术是 ADSL（非对称数字用户线路）。采用 ADSL 接入因特网，除了一台带有网卡的计算机和一条直拨电话线，还需要向电信部门申请 ADSL 业务。由相关服务部门负责安装话音分离器、ADSL 调制解调器和拨号软件，完成安装后，就可以根据提供的用户名和口令拨号上网了。

47. 答案：B。

试题解析：

密码强度是对密码安全性的评级。一般来说，密码强度越高，密码就越安全。高强度的密码应该包括大小写字母、数字和符号，且长度不宜过短。选项 B 采取大小写字母、数字和字符相结合的方式，相对其他选项来说其密码强度更高，因此密码设置最安全。

48. 答案：D。

试题解析：

域名的实质就是用一组由字符组成的名字代替 IP 地址，为了避免重名，域名采用层次结构，各层次的子域名之间用点“.”隔开，从右至左分别是第一级域名、第二级域名……主机名。其结构为：主机名.…….第二级域名.第一级域名。

国际上，第一级域名采用通用的标准代码，它分为组织机构和地理模式两类。由于因特网诞生于美国，所以其第一级域名采用组织结构域名，美国以外的其他国家都采用主机所在地的名称为第一级域名，例如，cn 表示中国，jp 表示日本，kr 表示韩国，uk 表示英国等。

49. 答案：D。

试题解析：

造成计算机中存储数据丢失的原因主要是病毒侵蚀、人为窃取、计算机电磁辐射、计算机存储器硬件损坏等。

50. 答案：C。

试题解析：

光纤的传输优点有频带宽、损耗低、重量轻、抗干扰能力强、保真度高、工作性能可靠、成本不断下降等。

51. 答案：C。

试题解析：

路由器是实现局域网与广域网互联的主要设备。

52. 答案：D。

试题解析：

防火墙被嵌入到驻地网和 Internet 之间，从而建立受控制的连接并形成外部安全墙或者说边界。这个边界的目的在于防止驻地网收到来自 Internet 的攻击，并在安全性将受到影响的地方形成阻塞点。防火墙可以是一台计算机系统，也可以由更多的系统协同工作，从而起到防火墙的作用。

53. 答案：B。

试题解析：

一个完整的电子邮箱地址应包括用户名和主机名两部分，两者之间用 @ 分隔。

54. 答案：D。

试题解析：

本题考查的知识点是宽带接入技术。ADSL（asymmetric digital subscriber line）是非对称数字用户线路，下行带宽高于上行带宽，使用该方式接入国际互联网，需要安装 ADSL 调制解调器，利用用户现有电话网中的用户线进行上网。

55. 答案：A。

试题解析：

一个完整的电子邮箱地址应包括用户名和主机名，两者之间用 @ 分隔。

56. 答案：A。

试题解析：

域名的结构为：主机名 .…….第二级域名 . 第一级域名。

57. 答案：A。

试题解析：

Internet 最早来源于 ARPANET，该网于 1969 年投入使用。最初，ARPANET 主要用于军事研究。

58. 答案：A。

试题解析：

任何一个数据通信系统都包括发送部分、接收部分和通信线路，其传输质量不但与传送的数据信号和收发特性有关，还与传输介质有关。同时，通信线路沿途不可避免地受到噪声干扰，这也会影响到通信质量。双绞线是把两根绝缘铜线拧成有规则的螺旋形，其抗扰性较差，易受各种电信号的干扰，可靠性差。同轴电缆是由一根空心的外圆柱形的导体围绕单根内导体构成的。在抗干扰性方面，对于较高的频率，同轴电缆优于双绞线。光缆是发展最为迅速的传输介质，不受外界电磁波的干扰，因而电磁绝缘性好，适宜在电气干扰严重的环境中应用，无串音干扰，不易被窃听或截取数据，因而其安全保密性好。

59. 答案：A。

试题解析：

MB 为表示存储容量的单位，即兆字节。

60. 答案：C。

试题解析：

计算机辅助教学的英文为 computer aided instruction，简称为 CAI。

61. 答案：C。

试题解析：

计算机应用的六个领域：科学计算、数据处理、实时控制、计算机辅助设计和计算机辅助制造、现代教育、家庭管理与娱乐。

62. 答案：B。

试题解析：

十进制整数转换成十六进制整数采用“除十六取余”法，即先将十进制整数除以16得到一个商数和一个余数，再将商除以16，这样不断地将所得商除以16，直到商为0，每次所得余数即相应十六进制整数的各位数字（从低到高）。按上述方法可得本题结果为10 D。

63. 答案：C。

试题解析：

反病毒是因病毒的产生而产生的，所以反病毒软件必须随着新病毒的出现而升级，提高查杀病毒的能力。反病毒是针对已知病毒而言的，并不是可以查杀任何种类的病毒。计算机病毒是一种人为编制的可以制造故障的计算机程序，具有一定的破坏性。

64. 答案：A。

试题解析：

ISP（Internet service provider）是指因特网服务提供商。

65. 答案：C。

试题解析：

广域网（wide area network）又称远程网络；局域网的英文全称是local area network；城域网的英文全称是metropolitan area network。

66. 答案：B。

试题解析：

根据Internet的域名代码规定，域名中的net表示网络中心，com表示商业组织，gov表示政府部门，org表示其他组织。

67. 答案：A。

试题解析：

计算机的结构部件为运算器、控制器、存储器、输入设备和输出设备。运算器、控制器和存储器是构成主机的主要部件，运算器和控制器合称为CPU。

68. 答案：B。

试题解析：

文件管理系统负责文件的存储、检索、共享和保护，并按文件名管理的方式为用户提供方便的文件操作体验。

69. 答案：B。

试题解析：

计算机病毒实质上是一个特殊的计算机程序，这种程序具有自我复制能力，可非法入侵并隐藏在存储媒体中的引导部分、可执行程序或数据文件的可执行代码中。

一旦发现计算机染上病毒，一定要及时清除，以免造成损失。清除病毒的方法有两种，一是手工清除，二是借助反病毒软件清除。

70. 答案：D。

试题解析：

计算机的主要特点表现在以下几个方面：（1）运算速度快；（2）计算精度高；（3）存储容量大；（4）具有逻辑判断功能；（5）自动化程度高、通用性强。

71. 答案：C。

试题解析：

CIMS 是英文 computer integrated manufacturing systems 的缩写，即计算机集成制造系统。

课题六　计算机系统的配置

1. 答案：C。

试题解析：

数制也称计数制，是指用同一组固定的字符和统一的规则来表示数值的方法。十进制（自然语言中）通常用 0 ~ 9 表示，二进制（计算机中）用 0 和 1 表示，八进制用 0 ~ 7 表示，十六进制用 0 ~ F 表示。

（1）十进制整数转换为二进制（八进制、十六进制）整数的转换方法：用十进制整数除以 2（8、16），第一次得到的余数为最低有效位，最后一次得到的余数为最高有效位。

（2）二（八、十六）进制整数转换为十进制整数的转换方法：将二（八、十六）进制整数按权展开，求累加和便可得到相应的十进制整数。

（3）二进制整数与八进制数之间的转换方法：3 位二进制数可转换为 1 位八进制数，1 位八进制数可转换为 3 位二进制数。

二进制数与十六进制数之间的转换方法：4 位二进制数可转换为 1 位十六进制数，

1 位十六进制数可转换为 4 位二进制数。

因此：18/2=9……0

9/2=4……1

4/2=2……0

2/2=1……0

1/2=0……1

所以，转换后的二进制数为 010010。

2. 答案：C。

试题解析：

ASCII 码本是二进制代码，而 ASCII 码表是按照十进制数的顺序排列的，包括英文小写字母、英文大写字母、各种标点符号及专用符号、功能符等。字符 E 的 ASCII 码是 01000001+100（4）=01000101。

3. 答案：A。

试题解析：

硬件系统和软件系统是计算机系统两大组成部分。输入设备和输出设备、主机和外部设备属于硬件系统。系统软件和应用软件属于软件系统。

4. 答案：D。

试题解析：

从计算机的组成来看，一个完整计算机系统可由硬件系统和软件系统两部分组成，在计算机硬件中，CPU 用来完成指令的解释与执行。存储器主要用来完成存储功能，正是计算机的存储、自动解释和执行功能使计算机能按人们的意图快速自动地完成工作。选项 A 为数制与软硬件无关。选项 B 为硬件基础，选项 C 为软件语言基础，二者表述不全面。选项 D 的存储程序控制既包括硬件基础也包括程序控制等软件基础。

5. 答案：D。

试题解析：

处理能力：计算机按其处理能力可分为模拟计算机、数字计算机以及数字模拟混合计算机。内存容量：内存容量是指内存储器中能够存储信息的总字节数，一般以 KB、MB 为单位。字长：字长是 CPU 能够直接处理的二进制数据位数。常见的计算机字长有 8 位、16 位和 32 位。运算速度：运算速度是指计算机每秒所能执行的指令条数，一般以 MIPS 为单位。

6. 答案：C。

试题解析：

外部设备包括输入设备和输出设备。其中扫描仪是输入设备，常用的输入设备还有鼠标器、键盘、手写板等。

7. 答案：D。

试题解析：

计算机硬件主要包括：中央处理器（CPU）、存储器、输出设备和输入设备。键盘和鼠标器属于输入设备，显示器属于输出设备。

8. 答案：C。

试题解析：

把一个十进制数转换为等值的二进制数，需要对整数部分和小数部分分别进行转换。十进制整数可转换为二进制整数，十进制小数可转换为二进制小数。

（1）整数部分的转换

十进制整数转换为二进制整数，通常采用除 2 取余法。就是将已知十进制整数反复除以 2，在每次相除之后，若余数为 1，则对应于二进制数的相应位为 1；否则为 0。首次除法得到的余数是二进制数的最低位，最后一次除法得到的余数是二进制数的最高位。

（2）小数部分的转换

十进制纯小数转换为二进制纯小数，通常采用乘 2 取整法。所谓乘 2 取整法，就是将已知的十进制纯小数反复乘 2，每次乘 2 后，所得新数的整数部分若为 1，则二进制纯小数的相应位为 1；若整数部分为 0，则相应部分为 0。从高位到低位逐次进行，直到满足精度要求或乘 2 后的小数部分是 0 为止。第一次乘 2 所得的整数记为 R_1，最后一次为 R_M，转换后的纯二进制小数为 $R_1R_2R_3$……R_M。

因此：127/2=63……1

63/2=31……1

31/2=15……1

15/2=7……1

7/2=3……1

3/2=1……1

1/2=0……1

所以，转换后的二进制整数为 1111111。

9. 答案：A。

试题解析：

用 8 个二进制位表示无符号数最大为 11111111，即 $2^8-1=255$。

10. 答案：B。

试题解析：

64/2=32……0

32/2=16……0

16/2=8……0

8/2=4……0

4/2=2……0

2/2=1……0

1/2=0……1

所以，转换后的二进制整数为 1000000。

11. 答案：C。

试题解析：

调制解调器是实现数字信号与模拟信号转换的设备。例如，当个人计算机通过电话线路连入 Internet 时，发送方的计算机发出的数字信号要通过调制解调器转换成模拟信号在电话网上传输，接收方的计算机则要通过调制解调器，将传输过来的模拟信号转换成数字信号。

12. 答案：D。

试题解析：

汉字字库是由所有汉字的字模信息构成的。一个汉字字模信息占若干字节，具体占多少个字节由汉字的字形决定，例如，一个 48×48 点阵的汉字字形码占 48×48 个点，一个字节占 8 个点，所以一个 48×48 点阵的汉字字形码占 6×48=288 个字节。

13. 答案：C。

试题解析：

网络接口卡（简称网卡）是构成网络必需的基本设备，用于将计算机与通信电缆连接在一起，以便经电缆在计算机之间进行高速数据传输。因此，每台连接到局域网的计算机（工作站或服务器）都需要安装一块网卡。

14. 答案：D。

试题解析：

调制解调器的作用是将计算机数字信号与模拟信号互相转换，以便传输数据。

15. 答案：D。

试题解析：

TCP/IP 是用来将计算机和通信设备组织成网络的一大类协议的统称，通俗地说，Internet 依赖于数以千计的网络和数以百万计的计算机，而 TCP/IP 就是使它们连接在一起的“黏合剂”。

16. 答案：A。

试题解析：

MHz 是时钟频率的单位；MB/s 的含义是兆字节每秒，指每秒传输的字节数；Mbps 是数据传输速率的单位。

17. 答案：C。

试题解析：

计算机病毒是一种通过自我复制进行传染的、破坏计算机程序和数据的小程序。在计算机运行过程中，它们能把自己精确复制或有修改地复制到其他程序或某些硬件中，从而起到破坏其他程序及某些硬件的作用。

18. 答案：B。

试题解析：

蠕虫病毒是网络病毒的典型代表，它不占用除内存以外的任何资源，不修改磁盘文件，利用网络功能搜索网络地址，将自身向下一地址传播。

19. 答案：D。

试题解析：

计算机病毒并非可传染疾病给人体的病毒，而是一种人为编制的可以制造故障的计算机程序。它隐藏在计算机系统的数据资源或程序中，借助系统运行和共享资源而进行繁殖、传播和生存，扰乱计算机系统的正常运行，篡改或破坏系统和用户的数据资源及程序。计算机病毒不是计算机系统自生的，而是一些别有用心的破坏者利用计算机的某些弱点设计出来的，并置于计算机存储媒体中使之传播的程序。本题的四个选项中，只有选项 D 可能感染上病毒。

20. 答案：C。

试题解析：

中央处理器（CPU）主要包括运算器和控制器两大部件，它是计算机的核心部件。

21. 答案：B。

试题解析：

一条指令必须包括操作码和地址码（或称操作数）两部分，操作码指出指令完成操作的类型，地址码指出参与操作的数据和操作结果存放的位置。

22. 答案：B。

试题解析：

在非零无符号二进制整数之后添加一个0，相当于向左移动了一位，也就是扩大为原数的两倍，向右移动一位相当于缩小为原数的1/2。

23. 答案：A。

试题解析：

计算机的内存是按字节来进行编址的，每一个字节的存储单元对应一个地址编码。

24. 答案：A。

试题解析：

鼠标器和键盘都属于输入设备，打印机、显示器和绘图仪都属于输出设备。

25. 答案：A。

试题解析：

不同于机器语言能直接在计算机上执行，汇编语言需要经过汇编程序转换为可执行的机器语言，才能在计算机上运行。因此，汇编语言是依赖于计算机的低级程序设计语言。

26. 答案：A。

试题解析：

顶级域名主要包括：edu表示教育机构，com表示商业组织，gov表示政府部门，mil表示军事部门，net表示网络支持中心，org表示其他组织。

27. 答案：B。

试题解析：

一个字长为6位的无符号二进制数能表示的十进制数值范围是0～63。

28. 答案：C。

试题解析：

ASCII码是世界公认的标准符号的信息码，7位的ASCII码可表示2^7=128个字符的编码。其中0的ASCII码值是30H；A～Z的ASCII码值是41H～5AH；a～z的ASCII码值是61H～7AH；空字符的ASCII码值是0。

29. 答案：B。

试题解析：

DVD-ROM 属于大容量只读外部存储器，用途类似于 CD-ROM，CD-ROM 简称只读光盘，而只读光盘只能读出信息，不能写入信息。

30. 答案：B。

试题解析：

1946 年 2 月 14 日，第一台电子计算机 ENIAC 在美国宾夕法尼亚大学诞生。

31. 答案：C。

试题解析：

CAD 为计算机辅助设计，CAM 为计算机辅助制造，将 CAD、CAM 和数据库技术集成在一起，形成 CIMS（计算机集成制造系统）技术，可实现设计、制造和管理的自动化。

32. 答案：A。

试题解析：

CAD 为计算机辅助设计；CAM 为计算机辅助制造；CIMS 为计算机集成制造系统；CAI 为计算机辅助教学。

33. 答案：D。

试题解析：

计算机主要具有以下几个特点：（1）高速、精确的运算能力；（2）准确的判断能力；（3）强大的存储能力；（4）自动化程度高、通用性强；（5）网络与通信功能。

34. 答案：D。

试题解析：

信息处理是目前计算机应用最广泛的领域之一，信息处理是指用计算机对各种形式的信息（如文字、图像、声音等）收集、存储、加工、分析和传送的过程。

35. 答案：A。

试题解析：

图像处理（image processing）是用计算机对图像进行分析，以达到所需结果的技术。数码相机里的照片可以利用计算机软件进行处理，计算机的这种应用属于计算机的图像处理，常用的软件有 Photoshop。

36. 答案：A。

试题解析：

专用计算机是专门为某种用途而设计的特殊计算机。

37. 答案：C。

试题解析：

CAM 为计算机辅助制造；CAD 为计算机辅助设计；CAI 为计算机辅助教学；CAT 为计算机辅助测试。

38. 答案：C。

试题解析：

火箭轨道计算属于计算机的科学计算应用。

39. 答案：D。

试题解析：

世界上第一台计算机 ENIAC 于 1946 年在美国宾夕法尼亚大学诞生。

40. 答案：D。

试题解析：

第一代计算机是电子管计算机，第二代计算机是晶体管计算机，第三代计算机的重要元器件是小规模集成电路和中规模集成电路，第四代计算机的重要元器件是大规模集成电路和超大规模集成电路。

41. 答案：D。

试题解析：

二进制整数转换成十六进制整数的方法：从二进制整数个位数开始向左按每 4 位为一组划分，不足 4 位在前面补 0，然后各组代之以一位十六进制数字即可。按上述方法可得本题结果为 30。

42. 答案：A。

试题解析：

十进制整数转换成十六进制整数采用“除十六取余”法，即首先将十进制整数除以 16 得到一个商数和一个余数，再将商除以 16，这样不断地用所得商除以 16，直到商为 0。每次所得余数即相应十六进制整数的各位数字（从低到高）。

43. 答案：C。

试题解析：

二进制数转换成十进制数的方法是按权展开，所以，$2^0\times1+2^1\times0+2^2\times1+2^3\times0+2^4\times1+2^5\times1=53$。

44. 答案：C。

试题解析：

24×24 点阵共 576 个点，需要 576 位二进制位表达一种中文字模。因 8 位二进制位构成一种字节，因此有 72 个字节。

45. 答案：A。

试题解析：

字符相应的码值关系是：小写字母比大写字母相应码值大，顺序越靠后的字母相应码值就越大。本题中选项 A 的码值小于其他选项的码值。

46. 答案：C。

试题解析：

计算机信息由二进制编码表达，常用的编码有 EBCDIC 码和 ASCII 码，后者的使用更为普遍。

47. 答案：C。

试题解析：

网络操作系统与普通操作系统相比最突出的特点是网络通信、资源共享。

48. 答案：C。

试题解析：

计算机程序是指令的有序序列，执行过程事实上是执行指令过程。

49. 答案：C。

试题解析：

计算机系统是一个整体，既涉及硬件也涉及软件，两者不可分割。计算机系统由硬件（hardware）和软件（software）两大系统构成。

50. 答案：B。

试题解析：

DOS 是单用户操作系统，而 Unix 是分时操作系统。

51. 答案：A。

试题解析：

用数据传输速率表示信道每秒传播的二进制位数。

52. 答案：B。

试题解析：

在 Windows 多窗口的操作环境中，鼠标器是最方便、最常用的输入设备。

53. 答案：D。

试题解析：

中央处理器（central processing unit，CPU）主要涉及运算器和控制器两大部件。

54. 答案：B。

试题解析：

根据磁盘容量计算公式：磁盘容量 = 磁道数 × 扇区数 × 扇区内字节数 × 面数 × 片数，计算得知每扇区字节数约为 512 B。

55. 答案：C。

试题解析：

计算机病毒是一种特殊的计算机程序，可以自我复制，也可以相互传染。计算机病毒重要的特性是寄生性、破坏性、传染性、潜伏性和隐蔽性。

56. 答案：C。

试题解析：

硬盘容量 10 GB=10 240 MB，为 128 MB 的 80 倍。

57. 答案：D。

试题解析：

输出设备的任务是将计算机的处理结果以人或其他设备所能接收的形式送出计算机。常用的输出设备有：打印机、显示器和数据投影设备。本题中键盘、鼠标器和扫描仪都属于输入设备。

58. 答案：B。

试题解析：

写盘是通过磁头往媒介写入数据信息的过程。读盘是磁头读取存储在媒介上的数据的过程，如硬盘磁头读取硬盘中的数据信息、光盘磁头读取光盘中的数据信息等。

59. 答案：C。

试题解析：

控制器是计算机的神经中枢，由它指挥全机各个部件自动、协调地工作。

60. 答案：C。

试题解析：

U 盘（也称优盘、闪盘）是一种可移动的数据存储工具，具有容量大、读写速度快、体积小、携带方便等特点。U 盘有基本型、增强型和加密型三种，插入任何计算机的 USB 接口都可以使用。它还具有防磁、防震、防潮等诸多特性，明显增强了数据的安全性。U 盘的性能稳定，数据传输高速高效，具有较强的抗震性能，可使数据传输不受干扰。

61. 答案：C。

试题解析：

中央处理器（CPU）主要包括运算器和控制器两大部件，它是计算机的核心部件。CPU 是一个体积不大而元件的集成度非常高、功能强大的芯片。计算机的所有操作都受 CPU 控制，所以它的品质直接影响着整个计算机系统的性能。

62. 答案：C。

试题解析：

常用的存储容量单位有：字节（Byte）、千字节（KB）、兆字节（MB）、吉字节（GB）。GHz 是时钟频率的单位。

63. 答案：A。

试题解析：

中央处理器（CPU）主要包括运算器和控制器两大部件，它是计算机的核心部件。CPU 是一个体积不大而元件的集成度非常高、功能强大的芯片。

64. 答案：C。

试题解析：

U 盘、移动硬盘是可移动的数据存储工具，插入任何计算机的 USB 接口都可以使用。

65. 答案：B。

试题解析：

40 GB=40 × 1 024 MB=40 960 MB，是 256 MB 的 160 倍。

66. 答案：A。

试题解析：

用来度量计算机外部设备传输速率的单位是 MB/s，其含义是兆字节每秒，是指每秒传输的字节数量。

67. 答案：A。

试题解析：

写盘是通过磁头往媒介写入数据信息的过程，读盘是磁头读取存储在媒介上的数据的过程，如硬盘磁头读取硬盘中的数据信息、光盘磁头读取光盘中的数据信息等。

68. 答案：C。

试题解析：

当前流行的 Pentium 4 的 CPU 字长是 32 位，它执行一条指令可以处理 32 位数据。

69. 答案：D。

试题解析：

操作系统是管理、控制和监督计算机软件、硬件资源协调运行的程序系统，由一系列具有不同控制和管理功能的程序组成。它是直接运行在“裸机”上的最基本的系统软件。操作系统是计算机发展中的产物，它的主要目的有两个，一是方便用户使用计算机，是用户和计算机的连接接口；二是统一管理计算机系统的全部资源，合理组织计算机工作流程，以便充分、合理地发挥计算机的作用。

70. 答案：A。

试题解析：

硬盘、软盘和光盘存储器等都属于外部存储器，它们不是主机的组成部分。主机由 CPU 和内存组成。

71. 答案：B。

试题解析：

计算机病毒是指编制或者在计算机程序中插入的破坏计算机功能或数据、影响计算机使用并且能够自我复制的一组计算机指令或者程序代码。

72. 答案：C。

试题解析：

控制器主要是用以控制和协调计算机各部件自动、连续地执行各条指令。

73. 答案：B。

试题解析：

字长是指计算机运算部件一次能同时处理的二进制数据的位数。运算器主要对二进制数据进行算术运算或逻辑运算。SRAM（静态随机存取存储器）的集成度低于DRAM（动态随机存取存储器）。

74. 答案：A。

试题解析：

注意本题的要求是“完全”属于“外部设备”的一组。一个完整的计算机包括硬件系统和软件系统，其中硬件系统包括中央处理器、存储器、输入设备、输出设备。输入、输出设备是外部设备，主要包括键盘、鼠标器、显示器、打印机、扫描仪、数字化仪、光笔、触摸屏、条形码读入器、绘图仪、移动存储设备等。

75. 答案：C。

试题解析：

计算机软件系统包括系统软件和应用软件，系统软件又包括解释程序、编译程序、监控管理程序、故障检测程序，还有操作系统等，故选项 A 错。

将高级语言源程序翻译成目标程序的程序称为编译程序，故选项 B 错。

编译程序是把用高级程序设计语言或计算机汇编语言编写的源程序，翻译成等价的机器语言目标程序的翻译程序。机器语言即低级语言，故选项 C 正确。

编译程序把一个源程序翻译成目标程序的工作过程分为五个阶段：词法分析、语法分析、语义检查和中间代码生成、代码优化、目标代码生成。词法分析和语法分析又称为源程序分析，在分析过程中发现语法错误并给出提示信息，故选项 D 错。

76. 答案：A。

试题解析：

计算机软件系统包括系统软件和应用软件，系统软件又包括解释程序、编译程序、监控管理程序、故障检测程序，还有操作系统等；应用软件是用户利用计算机以及它所提供的系统软件，编制解决用户各种实际问题的程序。操作系统是紧靠硬件的一层系统软件，由一整套分层次的控制程序组成，统一管理计算机的所有资源。

77. 答案：A。

试题解析：

远程登录服务用于在网络环境下实现资源的共享。利用远程登录，用户可以把一台终端变成另一台主机的远程终端，从而使该主机允许外部用户使用任何资源。它采用 Telnet 协议，可以使多台计算机共同完成一个较大的任务。

78. 答案：A。

试题解析：

在计算机的配置中常看到“P4 2.4G”字样，其中“2.4G”表示处理器的时钟频率是 2.4 GHz。

79. 答案：B。

试题解析：

5 位无符号二进制数可以从最小的 00000 至最大的 11111，即最大为 $2^5-1=31$。

80. 答案：C。

试题解析：

1 GB=1 024 MB。

81. 答案：D。

试题解析：

Z 的 ASCII 码值是 90，9 的 ASCII 码值是 57，空格的 ASCII 码值是 32，a 的 ASCII 码值是 97，故选项 D 的 ASCII 码值最大。

82. 答案：B。

试题解析：

24×24 点阵表示在一个 24×24 的网格中用点描出一个汉字，整个网格分为 24 行 24 列，每个小格用 1 位二进制编码表示，从上到下，每一行需要 24 位二进制位，占三个字节，故用 24×24 点阵描述整个汉字的字形需要 24×3=72 个字节的存储空间。所以，存储 1 024 个汉字字形需要 72 个千字节的存储空间（1 024×72 B/1 KB=72 KB）。

83. 答案：C。

试题解析：

电子邮件是 Internet 使用最广泛的一种服务，任何用户存放在自己计算机上的电子信函都可以通过 Internet 的电子邮件服务传递到别的 Internet 用户的信箱中，反之，你也可以收到从其他用户那里发来的电子邮件。所以发件人和收件人均必须有 e-mail 地址。

84. 答案：C。

试题解析：

反病毒是因病毒的产生而产生的，所以反病毒软件必须随着新病毒的出现而升级，提高查杀病毒的能力。反病毒是针对已知病毒而言的，并不是可以查杀任何种类的病毒。计算机病毒是一种人为编制的可以制造故障的计算机程序，具有一定的破坏性。

85. 答案：C。

试题解析：

根据 Internet 的域名代码规定，域名中的 net 表示网络中心，com 表示商业组织，gov 表示政府部门，org 表示其他组织。

86. 答案：A。

试题解析：

编译和解释是将用高级语言编写的程序翻译成机器语言程序的两种方式。

87. 答案：C。

试题解析：

常见的系统软件有操作系统、数据库管理系统、语言处理系统和服务性程序等，指挥信息系统是信息处理的应用软件。

88. 答案：C。

试题解析：

操作系统以扇区为单位对磁盘进行读写操作，扇区是磁盘存储信息的最小物理单位。

89. 答案：A。

试题解析：

数字 0～9 的 ASCII 码值依次增大，其后是大写字母，A～Z 的 ASCII 码值依次增大，再后面是小写字母，a～z 的 ASCII 码值依次增大。

90. 答案：B。

试题解析：

CPU 由运算器和控制器两部分组成，可以完成指令的解释与执行。计算机的存储器分为内存储器和外存储器。内存储器是计算机主机的一个组成部分，它与 CPU 直接进行信息交换，CPU 可以直接读取内存中的数据。

91. 答案：B。

试题解析：

计算机病毒是一种通过自我复制进行传染的、破坏计算机程序和数据的小程序。在计算机运行过程中，它们能把自己精确复制或有修改地复制到其他程序或某些硬件中，从而起到破坏其他程序及某些硬件的作用。

92. 答案：B。

试题解析：

字长是计算机运算部件一次能同时处理的二进制数据的位数。

93. 答案：D。

试题解析：

字长是计算机一次能够处理的二进制数据的位数，常见的计算机字长有 8 位、16 位和 32 位。

94. 答案：B。

试题解析：

主频是指 CPU 的时钟频率，它的高低在一定程度上决定了计算机运算速度的快慢。

95. 答案：D。

试题解析：

计算机的主要技术性能指标是字长、时钟频率、运算速度、存储容量和存取周期。

96. 答案：B。

试题解析：

存储器分为内存和外存，内存是CPU能由地址线直接寻址的存储器。内存又分为RAM、ROM两种，RAM是可读可写的存储器，它用于存放经常变化的程序和数据，只要一断电，RAM中的程序和数据就会丢失；ROM是只读存储器，即使断电，ROM中的程序和数据也不会丢失。

97. 答案：C。

试题解析：

Hz是度量物体频率的基本单位，由于CPU的时钟频率很高，所以CPU时钟频率的单位用GHz表示。

98. 答案：C。

试题解析：

内存是为了解决主机与外设之间速度不匹配问题；高速缓冲存储器是为了解决CPU与内存储器之间速度不匹配问题。

99. 答案：D。

试题解析：

汇编语言是符号化了的二进制代码，比机器语言的可读性好。高级语言程序需要进行编译，即被翻译成机器语言后才能被执行。汇编语言更多依赖于具体的计算机型号，所以相对而言，汇编语言的执行效率更高。翻译程序按翻译的方法分为解释方式和编译方式，但是解释方式是在程序运行中将高级语言逐句解释为机器语言，解释一句，执行一句，所以运行速度较慢。

100. 答案：B。

试题解析：

一个二进制位（bit）是构成存储器的最小单位。

101. 答案：B。

试题解析：

注意本题的要求是“完全”属于“外部设备”的一组。一个完整的计算机包括硬件系统和软件系统，其中硬件系统包括中央处理器、存储器、输入和输出设备。输入、输出设备就是所说的外部设备，主要包括键盘、鼠标器、显示器、打印机、扫描仪、数字化仪、光笔、触摸屏、条形码读入器、绘图仪、移动存储设备等。

102. 答案：B。

试题解析：

ROM的中文名称是只读存储器。

103. 答案：A。

试题解析：

RAM 可分为静态存储器（SRAM）和动态存储器（DRAM）。静态存储器是利用其中触发器的两个稳态来表示所存储的“0”和“1”的，这类存储器集成度低、价格高，但存取速度快，常用来作为高速缓冲存储器（Cache）。动态存储器则是用半导体器件中分步电容上有无电荷来表示“1”和“0”的，因为保存在分步电容上的电荷会随着电容器的漏电而逐渐消失，所以需要周期性地给电容充电，称为刷新，这类存储器集成度高、价格低，但由于要周期性地刷新，所以存取速度慢。

104. 答案：D。

试题解析：

随机存取存储器（RAM）主要存储正在运行的程序和要处理的数据。

105. 答案：A。

试题解析：

计算机的硬磁盘（硬盘）通常固定安装在计算机机箱内，大型机的硬磁盘则通常有单独的机柜。硬磁盘是计算机系统中最重要的一种外存储器，外存储器必须通过内存储器才能与 CPU 进行信息交换。

106. 答案：A。

试题解析：

移动硬盘以硬盘为存储介质，多采用 USB、IEEE1394 等传输速度较快的接口，可以较高的速度与系统进行数据传输。移动硬盘可以提供相当大的存储容量，是一种较具性价比的移动存储产品，可以说是 U 盘、磁盘等闪存产品的升级版。

107. 答案：C。

试题解析：

当硬磁盘运行时，主轴底部的电动机带动主轴，主轴带动磁盘高速旋转。盘片高速旋转时带动的气流将磁盘上的磁头托起，磁头是一个质量很小的薄膜组件，它负责盘片上数据的写入或读出。移动臂用来固定磁头，使磁头可以沿着盘片的径向高速移动，以便定位到指定的磁道。

108. 答案：A。

试题解析：

计算机存储器可分为两大类：内存储器和外存储器。内存储器是主机的一个组成部分，它与 CPU 直接进行数据交换，而外存储器不能直接与 CPU 进行数据交换，必须通过内存储器才能与 CPU 进行数据交换，相对来说，外存储器的存取速度没有内存储器的存取速度快。U 盘、光盘和固定硬盘都属于外存储器。

109. 答案：A。

试题解析：

RAM 用于存放当前使用的程序、数据、中间结果和与外存交换的数据。

110. 答案：B。

试题解析：

CD-RW 是 CD-Rewritable 的缩写，将一种可以重复写入的技术应用在光盘刻录机上的产品即称为 CD-RW。

111. 答案：C。

试题解析：

Cache 是高速缓冲存储器，其特点是存取速度快、容量小，它存储的内容是主存中经常被访问的程序和数据的副本，使用它的目的是加快计算机运行速度。

112. 答案：D。

试题解析：

本题考查的知识点是液晶显示器的技术指标。LCD 的主要技术指标有分辨率、点距、波纹、响应时间、可视角度、刷新率、亮度和对比度、信号输入接口等。其中，分辨率是指单位面积显示像素的数量，液晶显示器的标准分辨率是固定不变的，非标准分辨率由 LCD 内部的芯片通过插值算法计算得出。存储容量是存储设备的主要技术指标，不是液晶显示器的主要技术指标。

113. 答案：B。

试题解析：

软件系统分为系统软件和应用软件。Windows 是广泛使用的系统软件之一。

114. 答案：C。

试题解析：

本题考查的知识点是软件分类。软件可以分为系统软件和应用软件，系统软件主要有操作系统、驱动程序、程序开发语言、数据库管理系统等，应用软件则实现了计算机的一些具体应用功能。所以本题答案为选项 C。

115. 答案：A。

试题解析：

计算机操作系统的作用是控制和管理计算机的硬件资源和软件资源，从而提高计算机的利用率，方便用户使用计算机。

116. 答案：C。

试题解析：

本题考查的知识点是计算机语言。机器语言和汇编语言称为计算机低级语言，C语言等在表示上接近自然语言和数学语言，称为高级语言。编译程序把用高级语言编写的源程序转换为机器指令的程序，即目标程序。源程序经过编译生成目标文件，然后经过链接程序产生可执行程序。

117. 答案：B。

试题解析：

计算机软件系统包括系统软件和应用软件，系统软件又包括解释程序、编译程序、监控管理程序、故障检测程序，还有操作系统等。Windows 操作系统是单用户多任务操作系统。

118. 答案：D。

试题解析：

系统软件和应用软件是组成计算机软件系统的两部分。系统软件主要包括操作系统、语言处理系统、数据库管理系统、系统性能检测和实用工具软件等。

119. 答案：B。

试题解析：

软件系统可以分为系统软件和应用软件两大类。系统软件由一组控制计算机系统并管理其资源的程序组成，其主要功能包括：启动计算机，存储、加载和执行应用程序，对文件进行排序、检索，将程序语言翻译成机器语言等。操作系统是直接运行在“裸机”上的最基本的系统软件。本题中 Windows XP 属于操作系统，其他选项均属于应用软件。

120. 答案：C。

试题解析：

一个高级语言源程序必须经过“编译”和“链接装配”两步才能成为可执行的机器语言程序。

121. 答案：C。

试题解析：

CPU 由运算器和控制器两部分组成，可以完成指令的解释与执行。计算机的存储器分为内存储器和外存储器。内存储器是计算机主机的一个组成部分，它与 CPU 直接进行信息交换，CPU 直接读取内存中的数据。

122. 答案：B。

试题解析：

内存储器用于存放当前使用的程序、数据、中间结果和与外存交换的数据。

123. 答案：B。

试题解析：

Windows 操作系统是单用户多任务操作系统，经过十几年的发展，已从 Windows 3.1 发展到目前的 Windows NT、Windows 2000 和 Windows XP。

课题七　计算机的应用领域

1. 答案：D。

试题解析：

磁盘是可读取的，既可以从磁盘读出数据输入计算机，又可以从计算机中输出数据到磁盘。

2. 答案：C。

试题解析：

CAD：计算机辅助设计；CAM：计算机辅助制造；CAI：计算机辅助教学。

3. 答案：B。

试题解析：

世界上第一台电子计算机采用电子管作为基本元器件，主要应用于科学计算领域。

4. 答案：D。

试题解析：

信息处理是目前计算机应用最广泛的领域之一，是指用计算机对各种形式的信息（如文字、图像、声音等）收集、存储、加工、分析和传送的过程。

5. 答案：C。

试题解析：

嵌入式系统是将先进的计算机技术、半导体技术、电子技术和各个行业的具体应用相结合后的产物，这就决定了它必然是一个技术密集、资金密集、高度分散、不断创新的知识集成系统。

6. 答案：B。

试题解析：

位图图像又称为点阵图像或绘制图像，是由称作像素（图片元素）的单个点组成的。矢量图是根据几何特性来绘制的图形，矢量可以是一个点或一条线，矢量图只能靠软件生成，文件占用内存空间较小。

7. 答案：B。

试题解析：

WAV 为微软公司开发的一种声音文件格式，它符合 RIFF 文件规范，用于保存 Windows 平台的音频信息资源，被 Windows 平台及其应用程序广泛支持。

8. 答案：A。

试题解析：

TXT 是微软在操作系统上附带的一种文本格式，主要用于存储文本信息，以 .txt 为扩展名的文件通常是文本文件。

9. 答案：A。

试题解析：

100 万像素的数码相机的最高可拍摄分辨率大约是 1 024 × 768；200 万像素的数码相机的最高可拍摄分辨率大约是 1 600 × 1 200；300 万像素的数码相机的最高可拍摄分辨率大约是 2 048 × 1 600；800 万像素的数码相机的最高可拍摄分辨率大约是 3 200 × 2 400。

10. 答案：C。

试题解析：

科学计算主要是使用计算机进行数学方法的实现和应用。如今，计算机“计算”能力的提高加快了许多科学研究的进程，如火箭轨道计算、人类基因序列分析计划、人造卫星的轨道测算等。